食がわかれば
世界経済がわかる

饮食小史

从餐桌看懂世界经济

[日]榊原英资◎著
潘杰◎译

重庆大学出版社

前 言

关于经济与历史，我们可以从许多角度来了解，例如，我曾提出从货币、汇兑的角度来了解。除了市场价格和宏观数字，从人类生活、社会文化的角度，也可以了解经济，其中，有一个最重要的也最容易被忽略的角度：

"食物"。

人类生活的基础是"衣、食、住"，它们呈现出来的形式即文化。"衣、食、住"一起决定了人们的生活方式，它们构成的体系则是文化。在"衣"的领域，酷暑的时候，有时可以不穿衣服，在"住"的领域，有时也无需建造坚固的房子，唯独"食物"不可或缺。所以，我们说"食物"是文化的基础。

实际上，经济的基础也是"食物"。

世界大国都十分重视农业和"食物"。美国是当前世界范围内唯一的超级大国,也是世界著名的农业国家,中国最重视的问题也是农村和农业的问题。在通过工业革命实现工业化之前,世界贸易的中心是“食物”,为了从“食物”中获得利益,众多国家向海外拓展,由此也引发了战争。“食物”是人类文化的基础,也是经济的中心,同时还影响人类历史的发展趋势。

大约一万年前,农业革命兴起,食物供应方式突然由狩猎采集转变为农耕畜牧,这是人类历史上最大的一次转变,主角正是“食物”。将目光转向近代,马尔萨斯的人口理论宣称:“随着人口增加,如果食物的生产量不能随之增加,将导致人口减少,这个循环是经济的基础。”这也说明人与食物的关系可以用来分析经济。大家常用的“食物与经济” 的说法,或者近似的“农业与经济”的说法,也都表明食物与经济两者之间关系密切。

近代以来,特别是进入20世纪工业化时代以来,“食物与经济”关系紧密的常识往往被遗忘,社会一味地强调科学技术与经济的关系。

这果真是看待事物的正确方式吗?

在我50来岁的时候,逐渐意识到从食物的角度理解经济这种方法的重要性。

20世纪90年代,我在大藏省国际金融局(现在的日本财务省国际局）任职，由于与各国交涉金融问题的需要，每天在世界各地飞来飞去。三天一夜、四天两夜的紧张行程已是常态，所以那段时间为数不多的乐趣之一就是品尝各国美食，也正是在这段时间，我切身感受到不同国家的食物和饮食文化的巨大差异，更意识到因国而异的饮食文化生动鲜明地反映了该国的经济状况。

最初的契机源于20世纪90年代初期，我有幸多次到法国、瑞士等地出差。当时，日本对国际金融问题的思考方式与法国接近，日法经常联合起来与美国抗衡。在巴黎交涉的时候，我们经常在法国财务部的食堂就餐，虽说是食堂，但是相当华丽，在款待外国客人的晚宴上，一流大厨制作出来的食物也是相当美味。

一次宴会席间，我们食用的是正宗法国料理，大家选择的饮品自然是葡萄酒，可是美国一政府高官却大喊："来一杯零度可乐！"在座的一席人无不目瞪口呆，对法国料理搭配可乐的品位感到吃惊，连那些深信零度可乐无处不在的人，也被惊到了。那个时候，主厨的反应相当出色，他说："先生，请餐后再饮用可乐，还请在就餐过程中饮用葡萄酒或清水。"

虽然在座各位绅士都保持安静，可在欧洲人和日本人看来，这个美国人简直就是乡下人。话说回来，法国料理搭配葡萄酒是一种享受，如果搭配可乐等含有人工添加剂的饮料，一般会被认为是暴殄天物。值得一提的是,在美国金融精英之间,零度可乐相当流行,他们从心底相信,喝零度可乐是一种注重健康的聪明行为,然而日本人和法国人不这么认为,这种认识似乎只是美国精英们的假想而已。

从这件趣事中,我深切地感受到:“不同国家的饮食文化差异真的是太大了。”

日本菜对法国料理的影响

出差巴黎的时候,我经常去街边的餐厅吃饭,有时也会去“JAMIN”①“L’AMBROISIE(众神之食)”等米其林三星餐厅。有一天,我在“JAMIN”点了一份食物,它把鸡蛋放于小盅锅之中,类似日本的蒸鸡蛋羹,怎么会像日本的食物呢?原来主厨乔·卢布松经常访问日本,从“次郎”等寿司店、“吉兆”等日式饭馆学习过日本料理。此外,“L’AMBROISIE”厨房的二把手是一位叫齐须政雄的日本人,他是东京三田知名餐厅“Côte-d’Or(科多尔)”的经营者兼主厨。从这里也可以看出,日本菜给法国料理带来的影响是相当大的。新

① 日语“ジャマン”的罗马发音。——译者注

派法国菜从20世纪70年代开始流行起来的原因众说纷纭,但是一个不争的事实是,受了远赴法国进修的日本年轻料理人的影响。特别是在巴黎、纽约和伦敦,法国料理日趋日本化,没有吸收日本食物精髓的法国料理,似乎都不能被称作法国料理。

饮食文化的变迁与世界经济的转变密切相关

后来,我参与金融交涉的舞台转移到纽约和伦敦,当时正是盎格鲁-撒克逊人拿着IT(信息技术)的武器肆虐金融界的时代。在纽约,我经常去街边的餐馆。一次,我走进一家名叫"Le Bernardin"的知名的鱼料理店,打开菜单,看到一个名叫NEGITORO(日语金枪鱼的罗马发音)的料理,一边想:"这是什么,难道是日本的金枪鱼?"一边试着点了这道菜,端出来的果真是添加了塔塔酱的金枪鱼。菜单中还有类似"SASHIMI"(日语生鱼片的罗马发音)的罗马字,当时,纽约有名的料理店里,不经翻译的日文料理名字已经开始广泛使用了。

在伦敦,我惊奇地发现,即使在以食物难吃而出名的街区,好吃的餐馆也在不断增加,只是这些增加的餐馆经营的并不是英国料理。金融兴盛时期,伦敦作为金融中心一片繁荣,年轻而富有的银行职员增加,他们当中有许多外国人,为了迎合这些外国人的饮食习惯,外国餐馆数量增加,这当中我亲眼见证了意大利料理店和日本料理店数量的增加。

1997 年,东南亚金融危机爆发,那之后我在亚洲出差的次数增加。我吃惊地发现上海的料理变得非常美味,而食物美味的餐馆,其大厨很多来自香港。此外,新加坡、印度尼西亚的雅加达等地,受华侨影响巨大,美味的餐馆里掌勺的也是来自香港的厨师。

也正是从那个时候开始,在欧洲和美国,以寿司为代表的日本美食逐渐流行起来。在经济方面,日本的动漫和 CG 游戏席卷全世界,《新闻周刊》曾经出版了一期名为“COOL JAPAN(魅力日本)”的特辑,该刊用“帅气”一词来称赞日本企业输出的文化。

类似的经历促使我开始思考:食物是不是文化、历史的一面镜子?历史、经济的大趋势是否与饮食文化的变迁紧密相关?回顾因工作的缘故走过的地方,在那些世界经济模式发生了前所未有的转变的地方,食物的世界也时常会发生相应的变化。

在食物的世界,流行势头最盛的是日本饮食,随着时间的推移,这股势头不但没有衰退,直到今天还在不断地增强。在 2004 年出版的美国知名美食指南《查氏餐馆调查》中,纽约排名前 25 的餐馆里,日本料理店入围了 4 家,其中一家荣获第一名。在洛杉矶餐馆排名中,有 6 家日本料理店入围,同样有一家日本料理店拔得头筹。此外,日本饮食在好莱坞名流中也相当受欢迎。另一方面,麦当劳、可乐的销售额达到顶峰,目前呈下滑趋势。

这种现象意味着什么呢?

我在《世界经济势力图》(文春文库)中曾说,现在世界经济中心已经逐渐从欧美又转移到亚洲,并把这种趋势解说为五百年一遇的经济大转变。

这些论述基于一个前提条件,那就是"世界经济的中心曾经是亚洲"。准确地讲,19 世纪初期之前,亚洲具有压倒式的经济实力,所以现在发生的世界经济中心向亚洲的转变,是一个回归现象,应该称作"亚洲的复兴"。

也就是说,现在出现的日本饮食繁荣与快餐停滞不前的现象,与经济领域"亚洲的复兴"现象有着紧密的联系。

本书以"食物"为切入点,详细阐述世界经济的转变模式,力求让大家更容易理解。曾经世界最为富裕的亚洲为什么会被欧美逆袭?现在欧美为什么又会被亚洲逆转?"亚洲的复兴"与日本饮食的繁荣之间到底有什么关系?

对于曾经在学校苦于学习世界史并谈史色变的读者,不要担心,只要你对食物感兴趣,就可以轻松地阅读本书了。

目　录

第一章

英美国家用“食物资源”掌控世界经济

盎格鲁-撒克逊人之所以能够支配世界经济，与其说是因为工业革命，不如说是因为掌控了“食物资源”。

1900年，在美国芝加哥巨大的屠宰场里聚集的牛群，象征着“食品工业化”。

不仅仅因为工业革命

英国和美国统治了世界经济近200年。首先，我们以这两个大国为例，试着分析它们是如何支配这个世界的。

提到英国，不禁让人想起曾经统治海洋的大英帝国。英国是一个岛国，国土面积比日本还小，却雄霸世界成为超级大国，理由是什么呢？大多数人的回答是:“通过工业革命，英国实现了对优质工业产品的规模化生产，从而发展成为超级大国。”

当然，这个回答没有错，通过毛织物、棉织物、机械制品等的出口，大英帝国的确获得了巨大收益。但是，这个回答并不全面，工业革命以前，英国已经拥有庞大的财富，工业革命以后，也一直拥有一个非常重要的收入来源。

那就是“食物”。

食物贸易让英国持续不断地累积了庞大的财富。但是，食物从哪儿来的呢？众所周知，英国通过把亚洲、美洲大陆、非洲等地殖民地化，逐渐控制食物的生产与流通。

英国殖民地经营的根本是种植园。以英国为首，欧洲诸国相继开始在中南美洲国家，种植甘蔗、生产砂糖、建立咖啡种植园。在北美栽种棉花和烟草，在印度和锡兰（现在的斯里兰卡）制作红茶，并在马来西亚生产橡胶。英国驱使奴隶和外国劳动者开垦土地，建立种植园，通过种植单一作物，显著降低成本，同时控制这些农作物的贸易，从而获得巨大的财富。

接下来，我们将详细地了解大英帝国掌控世界经济霸权的过程。

英国称霸世界的原因

15 世纪后期，东西方贸易的主导权从伊斯兰国家和意大利，转移到西班牙和葡萄牙，17 世纪又转移到荷兰和英国。获取贸易收益的方式，决定了近代欧洲各国的兴亡。

世界贸易为什么从西班牙和葡萄牙的时代转变为荷兰和英国的时代呢?

16 世纪中期，伊丽莎白一世即位，她拥护英国国教会，与天主教国家西班牙对立，支援从西班牙独立出来的尼德兰（荷兰）；此外授予英国海盗“私掠特许状”，允许他们自由袭击西班牙的贸易船只。

此事激怒了西班牙国王腓力二世，于是他派出 130 艘船，大约23 000名军官和士兵，组成“无敌舰队”，从西班牙出发前往英国。在多佛海峡，“无敌舰队”大败，有海盗加入的英国舰队取得胜利，这就是发生在1588年的格拉沃利纳大海战（又称英西大海战）。

历史教科书告诉我们，以此战役为分界线，西班牙从大国位置上陨落。然而这只是表象，更深层次的事实是，英国与西班牙两个国家的经济实力实现反转。

英国于1600年、独立后的荷兰于1602年相继成立东印度公司，亚洲贸易与殖民地经营正式登上历史舞台。

具体来讲，西班牙、葡萄牙的殖民地经营方式与英国完全不同。西班牙、葡萄牙的殖民地经营模式是，让当地人和奴隶开采金银，栽种、生产砂糖和咖啡，进行最大限度的掠夺。各殖民地均是生产单一商品作物，其他所有的衣食必需品完全依赖进口，并未形成独立的经济体系。

而英国把殖民地作为克服贸易赤字的手段之一，选择了完全不同的经营方式，即以种植园为中心，培育各种产业。在广阔的殖民地，英国实施产业培育政策，让当地人或是来自非洲的奴隶种植棉花，发展棉花工业；经营大牧场，生产羊毛；同时进口小麦，制成面粉。西班牙、葡萄牙殖民者虽然挖掘矿山，掠夺金银，但是种植园内仅种植、生产砂糖和咖啡，并未以此为契机在殖民地发展各种产业（见表1）。

表1 英国与西班牙实际GDP的对比（以1990年的100万美元为单位）

国家	1500年的GDP	1600年的GDP	1700年的GDP	1820年的GDP	1870年的GDP	1913年的GDP
英国	2 815	6 007	10 709	36 232	100 179	224 618
西班牙	4 744	7 416	7 893	12 975	22 295	45 686

资料来源：安格斯·麦迪森所著的《世界经济千年史》。

世界史上有一个公认的说法：从英国纺织业开始，依靠工业革命，西方国家拥有了强大的国家实力。1700年前后，印度的棉织物产品印花布在英国非常流行，导致英国的纺织厂相继倒闭，于是，政府下令禁止印花布的进口，同时禁止人们穿印花布制成的衣服。为了竭尽全力模仿印花布，英国制造了许多纺织机，由此带来了工业革命，进而帮助英国称霸世界。

法国年鉴学派学者厄内斯特和布罗代尔，以及受其影响的历史学家对这个说法进行了修正。

他们认为：“与其说是工业革命，不如说是发现新大陆和向亚洲扩张，让以英国为首的欧洲称霸世界，掌控世界经济。”

当然，英国国力增强的一个重要原因是纺织产业的发展，这是工业革命的先锋。由于掌握纺织技术，同时在殖民地生产羊毛和棉花，英国实现了对“衣服”的支配。

英国在美国、加拿大、澳大利亚和新西兰等管辖的地区，引入非洲奴隶，迁入本国人民，生产谷物，养殖肉牛，同时把小麦从欧洲带到美洲大陆，实现规模化生产，让美国成为欧洲的大谷仓。19 世纪，英国的全球战略就是全力控制大西洋两岸之间的贸易。

英国的全球战略促成农业、畜牧业等产业在北美殖民地扎根，南美洲变成什么样了呢？西班牙、葡萄牙殖民者屠杀当地人，抢夺金银，驱使奴隶劳动，实行掠夺式的农耕方法，他们统治下的许多国家，除了砂糖、咖啡产业外，并未培育其他产业。

阿根廷是一个例外，它虽然是西班牙的殖民地，但是农业发展起来了。在英国支配的贸易范围内，阿根廷充当欧洲特别是英国的粮食生产基地，所以畜牧业也相应得到了发展。

英国在北美、印度、锡兰（斯里兰卡）以及缅甸等地拥有广阔的土地，通过从非洲大陆引入奴隶充当劳动力，并在种植园种植商品作物，实现了对粮食生产与贸易的垄断（见表 2）。

表 2　西方各国通过大西洋运输奴隶的数量(1701 ~ 1800 年)

国家	运输奴隶的数量/人	国家	运输奴隶的数量/人
英国	2 532 000	美国	194 000
葡萄牙	1 796 000	丹麦	74 000
法国	1 180 000	其他	5 000
荷兰	351 000	总计	6 132 000

资料来源:同表 1。

接着世界经济进入了一个崭新的局面。

现在的南美与北美经济格局的差异，直接反映出过去宗主国家的经营方针，当时殖民地产业的发达程度，也造就了宗主国经济实力的差距。

也可以说，通过在殖民地生产“食物”，英国实现了逆袭。

16 世纪至 17 世纪，世界贸易格局初步形成。崇尚世界系统论的厄内斯特等人指出：全球市场被少部分与粮食相关的商品所支配。

工业革命之前，工业制品在贸易中占比很小，主要的贸易对象是“食物”与“衣服”，虽然羊毛、棉花等衣服原材料十分重要，但是砂糖、咖啡、红茶等食品是更加重要的贸易品类。英国正是通过控制“食物”的贸易，在西班牙和葡萄牙开拓大航海时代之后，实现了对整个世界经济的支配。

当时，英国统治了包括新大陆在内的全球市场，贸易以农产品和衣服为主。英国通过积累“食物”“衣服”的贸易利润增强国力，在实现殖民地范围扩张的同时，确立了世界霸主地位。

英国贫乏的饮食文化

英国虽然称霸世界，但是在饮食方面，并未形成深厚的饮食文化，这让人感到很不可思议。不仅如此，英国还被称作料理最难吃的国家。虽然英国有红茶文化，但是由于气候不适合，不能制作葡萄酒，同时，可以种植的小麦品种也与制作面包所需的小麦品种不同，结果导致英国几乎没有美味的食物。

英国虽然控制了世界粮食的生产与贸易，但是在国内并未实现农产品的“自产自销”模式，而是推行种植园栽种、本国进口的模式。

英国并未致力于发展自己独特的饮食，而是秉持享受法国等他国料理的姿态。

这里举一个例子，在英国，为统治阶层的孩子提供教育的公立学校一般是寄宿制，这些学校的食物相当难吃，而且是故意做得难吃的，原因是孩子们“如果沉迷于饮食带来的快乐，会丧失自制力和克己心，不能成为优秀的领袖”，据说这也是英国人擅长殖民统治的原因。

种植园的出现源于英国人为了实现对农作物的规模化生产，这是工业化思想的具体体现。从中也可以看出，英国人大概是把“食物”看作“资源”而不是“文化”。在世界范围内，英国能够率先通过工业革命对农业实现规模化生产，这或多或少与其观念是吻合的。

美国兴盛的原因

美国是英国众多殖民地当中的“优等生”。通过种植园的耕作方式，殖民者变得富有，并向英国国内缴纳巨额税金。美国从英国独立出来的诱因是红茶，美国本地居民与英国国内的居民一样，有饮用红茶的习惯，然而由于红茶贸易利润丰厚，所以英国政府对红茶的进出口收取高额关税。

高额关税引发了“波士顿倾茶事件”，该事件标志着美国独立战争的开始。1773 年，英国政府出台《茶税法》，其中关于红茶的税金部分激怒了美国人民，于是示威者乔装成印第安人的模样，偷袭搬运红茶的船只，将装有红茶的箱子投入波士顿湾。

当时英国独占红茶贸易，获取巨额利润，而美国方面寻求关税自主权，在此背景之下，美国举起反旗，独立战争由此拉开序幕。

美国的独立以作为“食物”的红茶为契机，所以人们常说，由食物引发的仇恨是非常可怕的。

话说以该事件为契机，美国从红茶文化国转变为咖啡文化国，倾茶事件之后，反抗英国《茶税法》的殖民地人民开始冲泡并饮用与红茶相似的咖啡。

1776 年，美国颁布《独立宣言》，获得独立战争的胜利并脱离宗主国英国，实现了独立。

1812 年，美英战争爆发，美国与欧洲的贸易被迫终止，美国开始发展国内工业。 1861 年，美国南北战争结束后，南部的大土地所有者没落，中产阶级成长起来。 1869 年，西海岸与东海岸通过铁路连接起来，西部大开发正式拉开序幕，与此同时，美国工业的发展和小麦的生产也一跃成为世界第一。

美国掌控世界经济主导权的原因离不开粮食生产。 20 世纪 20 年代，美国经济飞速成长，这段时期被称作“柯立芝繁荣”，繁荣的原因正是农业。

说到美国经济发展，很容易想到福特等公司规模化生产工业制品的发达技术，事实上这些技术直到 20 世纪 30 年代才逐渐普及。

美国独立之后，率先以农业大国的身份登上世界经济舞台。阿根廷和澳大利亚同样也是畜牧业大国，但是 19 世纪末到 20 世纪初，美国的成长速度比这些农业国家高出一倍。北美的加拿大和美国、南美的阿根廷以及大洋洲的澳大利亚均是拥有广阔土地的新大陆国家，通过不断开垦农场和开发牧场，提高农业生产力，国家经济规模得到不断扩大。

加拿大、美国和澳大利亚的宗主国都是英国，在英国统治下，殖民地经济实力得到提升，这些国家在夯实经济基础的同时，大英帝国也通过支配贸易变得更加繁荣。

美国是农业国家，不同于英国，并未控制贸易，所以 20 世纪的美国专注于“食物”的工业化。

从英国的统治下独立出来之后，美国利用种植园的栽种技术，对粮食进行规模化生产和出口，整个过程类似工业制品的生产和出口。

1914 年，第一次世界大战爆发，欧洲农业生产短时间内迅速崩塌，出口欧洲的农产品收益增加，美国以这部分收益为基础实现了工业化。由于农产品与工业制品两方面的出口，美国一跃成为世界大国。

美国、澳大利亚、加拿大是发达国家，同时也是农业国家，这个事实让很多日本人疑惑。在日本，学校教授的经济模式是发展中国家生产粮食并用以出口，而发达国家因为实现了工业化，所以进口粮食，反之出口工业制品。事实上，过去经济的发展不一定是按照这样的模式推进，而现在，美国在农业和工业两个领域都很强大，成为超级大国的今天，依然是农业大国。

深究世界经济中“食物”所起的作用，特别是从20世纪30年代到规模化生产时代的这段时期，我们发现完全可以从“食物”的角度来追溯当时的经济与历史。

20世纪30年代世界经济大恐慌的诱因是“食物”

20世纪20年代末，美国在世界舞台上崭露头角，同时引发的世界大恐慌使世界经济陷入大混乱。

大恐慌的直接原因是美洲大陆农产品价格暴跌。

当时，欧洲的大部分国家成为第一次世界大战的战场，欧洲农业生产能力极度低下，新大陆的农产品出口一片繁荣，农产品价格上升导致泡沫形成。

战争结束后，欧洲重新进入稳定期，农业生产复苏，进口随之减少，造成新大陆的农产品大量积压在库，紧接着价格暴跌。

世界经济大恐慌的导火线是纽约股票的暴跌，同时毫无疑问的是，纽约股票暴跌是受到中南美经济圈农作物价格下跌的影响。

当时通信、物流革命兴起，产业工业化已有相当程度的发展，但是对于经济而言，农业仍然是重要的基础产业之一。

进入 20 世纪 30 年代之后，美国出现了许多规模化生产技术，汽车产业也飞速发展起来。

以此为契机，世界终于真正进入工业化时代，这时的美国对农业实行工业化生产，通过前所未有的规模化生产和销售，实现了食品工业化，并逐渐支配了世界粮食市场。

以汉堡为代表的快餐、以可口可乐为代表的碳酸饮料，以及以小型肉鸡为代表的家畜被规模化生产出来，同时也形成了超市等进行量贩销售的零售体系。

也就是说，从食物的生产到流通，与福特汽车工厂一样，已经形成一套完备的规模化生产和销售体系。

现在麦当劳、肯德基等快餐产业已经遍布全世界，就如汽车的出口世界领先，美国“食物”的出口也取得了相同的“成就”。

这是一股可以改变世界的“革命”力量。食物的规模化生产带来了什么呢？后文将详细阐述。在此之前，下一章我们将探究另一个国家所选择的道路，一条区别于英美国家将食物作为资源掌控的道路。

第二章

法国攻势猛烈的饮食文化战略

法国前总统希拉克曾揶揄英国前首相布莱尔:“食物那么难吃的国家不可信。”为什么这么说呢?

路易十四举办的晚餐会场景,餐桌上有许多超大分量的食物,超大分量的食物是当时法国料理的流行趋势。

“食物那么难吃的国家不可信”

上一章讲述了英美两国对食物的态度，他们把食物看作“资源”，通过掌控食物资源支配世界经济。这一章我们将把食物看作“文化”，介绍主张通过饮食文化唱响世界的国家。

这个国家就是法国。

2005 年，时任法国总统的希拉克在与时任俄罗斯总统的普京进行会谈时，这样评价英国人：“食物那么难吃的国家不可信。”该言语在当时引起了广泛热议。

事实上，这种思维方式源于法国传统的思想观念。

“当你聊起食物时所说的话，反映了你是一个什么样的人。”说这话的布里亚-萨瓦兰正是法国人，这句话深刻地诠释了“食物即文化”的思想。

对法国人而言，法国料理以外的德国料理、英国料理都不是上层阶级的食物，本质上它们都是平民食物。英国虽然有约克夏布丁、烤牛肉等有名的食物，但是归根结底这些只是平民的肉食料理。德国也如此，土豆等食物是为了应对饥饿才普及起来的，而香肠则是把肠子清洗干净后，放入血、碎肉后处理食用，所以把香肠看作为了让农民不排斥碎肉而制成的料理也不为过。

法国人认为“德国的料理不是料理，英国也不存在料理”，而西班牙在法国人的认识中大概就是“比利牛斯山脉旁边的非洲大陆”。

法国人自认为是世界饮食文化的中心，虽然有时会敬畏拥有“中华饮食思想”的中国，但他们对“食物”投入的热情的确少有国家能出其右。

七国首脑会议与法国的饮食外交政策

1996 年，雅克·希拉克当选法国总统的第二年，西方七国首脑高峰会议在里昂召开，当时的日本首相是桥本龙太郎。各发达国家首脑聚集在被称作“饮食之都”的里昂，新上任的法国总统希拉克对会议进行了盛大安排，直到现在还时常被人们提起。

希拉克总统请来了三位三星米其林大厨，让他们在为媒体人员专设的食堂烹制食物，款待来自世界各地的媒体人。

在国际会议取材时，一般情况下，媒体人员并不能吃上可口的食物，因为专设的食堂里一般只有快餐。在里昂七国首脑高峰会议上，用由法国三星米其林餐厅的大厨制作的美食款待媒体人的做法，受到一致好评。有的媒体人为了表达感谢，对这个安排进行了新闻报道，当然笔杆子下全都是对法国的赞美，这也体现了人与人之间的情谊。

通常情况下，正式的首脑晚宴会在酒店举行，而此次是在有名的“LEON DE LYON”餐厅举办。

首脑单独的欢迎晚宴也是在“LEON DE LYON”举行，外交部部长和财政部部长是在另一家名为“佛罗伦汀别墅酒店（VILLA FLORENTINE）”的餐厅就餐，所有人都由衷地赞美食物的“味道很棒”。就餐前，各国部长会提前收到餐厅寄来的菜单，用来“选择喜欢的食物”，待去到餐厅的时候，便可以吃到他们选择的食物。

无论什么样的公共会议，一般情况下，食物都是统一安排，而这次西方七国首脑高峰会议，让客人自己选择喜欢的食物的做法，是其他国家所没有做过的。把菜单送到各国首脑手中让他们选择料理的做法，在会议举办的前后都不曾有过，里昂七国首脑高峰会议是（本书成书前）唯一的一次。

能够做到这个程度，足以看出法国对“食物”的讲究。

此外，饮食以外的活动也相当精彩。里昂有两条河，分别叫作索恩河和罗讷河，还有一座山丘，山丘上有古罗马遗迹，这是缘于罗马时代里昂是罗马军团驻扎的基地。晚上，首脑们结束晚宴之后，所有人在有遗迹的山丘上，欣赏来自索恩河和罗讷河两个方向的烟火表演；与此同时，极具小镇特色的《包列罗舞曲》响起，烟火伴着舞曲有节奏地冲上云天。

会议结束的第二天夜里，烟火表演再次进行，据说是因为“首脑会议给里昂镇的人们带来了不便，这一次专门为了让他们可以好好欣赏享受”，这也许就是法式浪漫吧。

需要说明的是，这样的演出是法国外交的传统。

当然真正的目的是举行会议，演出仅是外交的一种表现方式。事实上，演出相当重要，可以笼络人心，让大家对法国心怀尊敬。在西欧社会，从很早以前开始晚宴就有政治作用，这种文化的先锋正是法国。

日本也主办过国际会议，可对于安排演出的事情依然感觉难为情，也并不擅长。但是，“食物”是文化的基础，围绕“食物”的活动也不应该完全被忽视吧。

用葡萄酒衡量对手的法式外交

巴黎爱丽舍宫是法国迎接外国贵宾的地方，里边的料理相当美味，法国在这里推行把料理和葡萄酒作为外交武器的战略。

根据贵宾身份的不同，爱丽舍宫制作不同的食物，进一步讲，通过菜单和葡萄酒，可以了解法国政府对对方文化水平的评价。

日本曾经出版了一本书，名为《菜单中的秘密：爱丽舍宫的飨宴》，是《每日新闻》巴黎分部的资深记者西川惠女士的杰作。据称爱丽舍宫提供给各国首脑的菜单中融入了对方的文化，西川惠女士通过对菜单中料理和葡萄酒的研究，对这个说法进行了验证。书中提到，日本羽田孜首相出席宴会时，款待他的是普罗旺斯的葡萄酒。作者指出，虽然该葡萄酒味道还不错，但是由于不是顶级的葡萄酒，与其他首脑比起来接待等级略低。

我曾随同已故的小渊惠三首相访问法国，由于在那之前看过这本书，书中的内容帮了我不少忙。当时，碰巧财政部出身的我与当时希拉克总统的经济顾问西雷利熟识，便告诉他：“《菜单中的秘密：爱丽舍宫的飨宴》在日本可是畅销书，所以接待小渊先生时，如果不提供恰当的葡萄酒，可能会引发矛盾。”

由于事先做好了相关沟通，小渊首相出访时，法国拿出的是1970年的李欧维拉斯卡斯葡萄酒，产于波尔多-梅多克地区的圣祖利安村，被评为二级。李欧维拉斯卡斯葡萄酒虽被评为二级，但其实力不输于一级的酒庄酒，这是因为1970年是非常好的葡萄酒酿造年份。在100人以上的大型晚宴上，拿出数十瓶同一年份的葡萄酒本身已经很困难，同时还必须是上等的葡萄酒，对于非元首而是首相等级的政府贵宾，能用这样的葡萄酒款待，已经算是相当隆重了。

正如希拉克总统所言，法国人重视有料理与葡萄酒素养的人，所以饮食本身对他们而言也是一件相当敏感的事情。

法国友人来做客的时候，我会尽可能花钱购买高级的法国葡萄酒款待，如果用波尔多最高等级而且年份久远的柏图斯酒庄酿制的葡萄酒来款待，他们会很开心。欧洲复兴开发银行总裁卢米埃尔是我在财务官时期认识的朋友，当时他就任法国财务部副部长，哪怕是他，在面对年代久远的法国葡萄酒时也表现出明显的欣喜。

有关食物、葡萄酒的知识，几个世纪以前已经成为欧洲王族、贵族的修养之一，因为“食物”是文化的中心，所以就有了“食物”的贫乏带来文化贫乏的观念。不单是希拉克总统，法国人几乎都有“虽然英国、美国很了不起，但是文化方面相当贫乏”的看法。

欧洲人特别是法国人，把懂得葡萄酒和食物的人看作“有教养的人”。了解“食物是人的基本修养之一”的观念在外交上也很重要，暂且不论日本外务省用机密费购买许多昂贵的葡萄酒是否合理，但在一定程度上这种做法也是必需的。

日本外交中和美食有关的逸事

我在财政部的时候，用餐厅的食物招待过外国贵宾，他们是参加G7会议（七大工业国财长会议的简称）的各国财政部部长。

1993年之前，日本政府款待客人的料理均由指定酒店的餐饮部负责，有时也会拜托“吉兆”等知名的高级日式料理店制作。在赤坂离宫等地接待外国贵宾时，厨房里要么是酒店的厨师，要么是来自“吉兆”的厨师。

当时我是审议官，并不直接负责会议的组织，第一指挥是当时的财务室主任，也就是现在的国际局局长玉木林太郎先生，他是财政部唯一拥有侍酒师资格的人。他对食物十分感兴趣，对葡萄酒也相当了解。在他的主导和我们其他人的支持下，首次把接待外国贵宾的料理委托给其他餐厅的厨师，我们请来了“Chez Inno”的井上旭先生、“Apicius”的高桥德男先生（现在“Pas mal”的老板兼大厨）和“Petit Point”的北冈尚信先生，让他们三人制订菜单。在三田的奥地利大使馆旁边，有一个政府所有的类似迎宾馆的设施，菜单确定后，食物在那里的厨房制作。

这个做法备受各位外宾的好评。

虽然三位厨师所在的餐厅都很有名，但是之前从未给日本政府服务过，以前都是拜托大仓饭店初代总料理长小野正吉先生和帝国饭店的总料理长村上信夫先生帮忙，不幸的是这两位厨师都已相继去世。

这是首次委托其他餐厅的大厨设计菜品，大家干劲十足，由于是第一次，厨师们付出了许多的艰辛，最终各国部长也非常满意。

G7 的前身是 G5，G5 正式开始于 1975 年，所以宴会上使用了 1975 年的波尔多葡萄酒（品级为一级的 CH. LATOUR）。当时出席的美国财政长官小劳埃德·本特森先生是得克萨斯人，我们为他特意准备了加利福尼亚的白葡萄酒，虽然出于对他个人兴趣的考虑，但也是价格昂贵的优质葡萄酒，由此造成预算紧张。因为与外务省不同，财政部没有机密费。

部长们因为享用到美味而高兴不已，美国财政部部长本特森也由于享用了加利福尼亚的葡萄酒而备感欣喜。

后来，我们多次进行了类似的尝试，还在京都岚山的“吉兆”进行 APEC 财政部部长会议的接待工作，虽然这种做法与法国有些相似，但是与所谓的饮食文化的外交还相去甚远。

法国料理诞生的社会背景

法国饮食文化被称作世界上最优秀的饮食文化，它到底是如何发展起来的呢？ 与“经济”又有怎样的联系呢？ 让我们追溯历史，一探究竟。

罗马帝国灭亡之后，从 5 世纪末到 16 世纪这段时间，是欧洲的中世纪时期，也被称作“黑暗时代”。 这个时期，教会审判异端，魔女狩猎[①]频发，战争接连不断，疫病反复流行，事实上这是一个“黑暗面”被极大地暴露出来的时代。 考古发现，中世纪欧洲人的骨骼比古代人更为贫弱，由此也可以印证上述说法。

当时，法国是欧洲最大的农业国家，拥有肥沃的土壤，但是起初法国并未形成深厚的饮食文化。 8 世纪，法国国王是加洛林王朝的查理大帝（查理曼），他拓宽疆土，统治了欧洲的主要区域，也被称作“西罗马大帝”。 众所周知，查理大帝是美食家，

---

① 女巫审判又称魔女狩猎，是中世纪基督教对其所谓的异教徒进行迫害的方式之一，受害者多是女性。——译者注

而当时法国的老百姓只能勉强吃上面包，也就是现在我们说的干面包，坚硬到不蘸汤汁无法食用。从那时起，农地耕种技术发展，粮食产量增加，人口也随之增加。

与其他文化一样，饮食文化也是在财富聚集的基础上发展起来的。15 世纪之后，封建君主制度得以确立，财富集中到统治阶层，这是欧洲饮食文化发展过程中不可忽视的社会背景。

葡萄牙的大航海时代始于 15 世纪，当时欧洲遍地战争。英国与法国的百年战争始于 1339 年，直到 15 世纪末也未能结束，1428 年，让娜·达尔克（圣女贞德）登上战场。

1430 年，让娜·达尔克被敌方抓捕，被判以异端罪和“魔女”罪，于第二年在鲁昂被执行死刑。15 世纪，法国仍在进行异端审判、魔女狩猎等活动。

目光转移到周边国家，哈布斯堡王朝在这个时期兴起，15 世纪后半叶，哈布斯堡王朝开始统治德国和奥地利。1558 年，英国女王伊丽莎白一世即位。

大约 16 世纪中期，作为西方国家近代化的基础，封建君主制国家在欧洲各地诞生。

英法百年战争结束，法国诸侯和骑士的力量被削弱，权力集中在王室统治者手中。同时，经过天主教徒与雨格诺教徒（新教徒）之间的宗教战争，信奉天主教的波旁王朝在1589年成立。

法国料理源于与美第奇家族的政治联姻

从英法百年战争到波旁王朝诞生，在封建君主统治确立的过程中，一位优秀的饮食文化使者从意大利来到法国，她就是凯瑟琳·德·美第奇王妃，来自佛罗伦萨富贵荣华的美第奇家族。

翻阅法国料理历史书籍可知："1533年，凯瑟琳·德·美第奇与亨利二世结婚，佛罗伦萨的厨师随她而来，这便是近代法国料理的起源。"

当时，意大利通过贸易，把亚洲各地的物产以及优秀的美食源源不断地带回国内，由于欧洲战争持续不断，城市国家意大利可以独占东西方贸易带来的财富。15世纪，文艺复兴在意大利兴起。

在从事贸易的众多商人中，位于意大利佛罗伦萨的美第奇家族是最大的成就者，同时也是文艺复兴时期艺术家们最大的赞助者。美第奇家族起初是金融从业者，经营银行成功后成为大富豪，不单有财力，家族中还人才辈出，诞生了红衣主教和罗马教皇，一跃成为意大利的名门望族。

美第奇家族的凯瑟琳嫁入法国王室的时候，从佛罗伦萨带来了大量的食材、甜点等的制作方法以及餐桌礼仪，可以说她带来了现在法国料理的原型。

虽然法国拥有丰富的食材，但是直到 12 世纪，说到饮食，还是烤肉和煮蔬菜，并且用手拿着食用，炖煮食物大约到 14 世纪才出现。

凯瑟琳·德·美第奇首次将叉子带入法国。 美第奇家族的女儿嫁入法国后，法国才开始在就餐时使用刀叉。

像现在这样，每个人单独用一个盘子就餐的习惯，也是由美第奇家族带来的。 现代法国料理的餐桌礼仪仍然源自美第奇家族带来的北意大利的饮食习惯。

跟随凯瑟琳而来的厨师们，把汤、调味酱、松露、青豆、洋蓟、西兰花等食材的烹饪方法带入法国。 法国王室在初次尝到松露的味道之后就上了瘾。

凯瑟琳喜欢甜点，于是将她出生地的果酱、糕点的制作技术带入法国王宫，包括马卡龙、杏仁奶油、花式小蛋糕等甜点，还有冰激凌。 凯瑟琳与亨利二世的婚礼酒宴上提供了果子露冰激凌，这还一度成为热议的话题，法国宫廷点心的供给也在这之后不曾停过。 当然，当时是没有制冰机的，法国王室使用的冰块来自挪威峡湾，冰块随船只穿过半个欧洲，最后运送到巴黎。

此外，法国王室葡萄酒的侍酒方法也是凯瑟琳·德·美第奇带来的。

葡萄酒在罗马时代传入法国并开始生产。葡萄酒冷冻后饮用的习惯，据说是从亨利二世之前的弗朗索瓦一世时期开始，也就是说，这是凯瑟琳嫁到法国之前的习惯。进餐时干杯的习惯，则是在亨利二世时期普及的，同时期传入法国的还有把药草浸入蒸馏酒的做法。

凯瑟琳·德·美第奇与亨利二世联姻发生在16世纪，为什么凯瑟琳在这个时候从美第奇家族嫁入法国王室呢?

当时法国王室实力强大，对意大利形成巨大威慑力。1494年，法国国王查理八世入侵意大利，意大利战争爆发。1498年，法国新国王路易十二世即位，同年占领米兰。

另一方面，15世纪末期，由于意大利美第奇家族势力变得过分强大，招致老百姓的反感，反美第奇家族势力掌握政权，引发政治斗争。

为了应对政治斗争，美第奇家族试图借助法国王室不断增强的军事力量。在如此背景之下，美第奇家族送出女儿进行政治联姻。

换言之，这也说明当时的法国已经发展成为军事强国。

16 世纪，法国王室与美第奇家族联姻，亨利四世建立波旁王朝。由于国内宗教战争已经结束，国家稳定，粮食产量增加，人口随之增加，法国实力变得越加强大。

1600 年，得到波旁王朝创建者亨利四世的允许，美第奇家族的玛丽嫁入法国王室，通过法国与美第奇家族的第二次联姻，北意大利优秀的饮食文化持续不断地传入法国。17 世纪初期，亨利四世的儿子路易十三迎娶西班牙国王腓力三世的女儿；接着，其孙子，被称作“太阳王”的路易十四也迎娶了腓力四世的女儿。由于迎娶了多位西班牙王妃，西班牙王室的料理文化也传入法国王室。

进入 18 世纪之后，路易十五迎娶波兰王的女儿玛丽·蕾岑斯卡，波兰王和他的女儿以美食家著称于世。后来，奥地利的玛丽·安托瓦内特成为路易十六的王妃，并把德国、东欧诸国的料理文化带入法国。

通过与他国王室联姻，法国王室吸收了欧洲东西各国的宫廷料理文化，从而将本国的料理发展起来。

值得一提的是，从美第奇家族迎娶王妃的亨利四世，远离上等美食，更喜欢吃大蒜，据说离他十步之远都可以闻到体臭。比起自己享受美食，亨利四世曾扬言：“要使每个法国农民的锅里都有一只鸡。”要知道17世纪初期，法国老百姓一周吃一次肉都相当困难。

法国将奢华的饮食当作财富与权力的象征

17、18世纪，法国历代国王为了展示自己的权力，在宫廷举办各式各样的宴会。

国王可以支配大量的钱财，雇用许多的宫廷厨师，让他们制作出众多珍贵的料理。 据说路易十四的厨师有300多人，也正是他们制作出了现代法国料理的原型。

当时留存下来的菜单显示，在一次宴会上，不断端出的料理种类远远超出了现代人的想象。

当时社会的一大特点是，比起“吃什么”，“吃得多”更重要。 在大家不能正常吃饭的贫穷年代，吃得多成为权力的象征，当时不是美食家的世界，而是饕餮者的世界。

现在被视作疾病的肥胖，在当时象征着财富与权力。

在雷蒙德·奥利弗所著的《法国餐桌历史》一书中，记录有路易十四的菜单，汤、甜点、烤制食物等各种各样的料理，在宴会举行时由厨师持续不断地呈上餐桌。

国王10点钟的午餐展示了其旺盛的食欲。午餐被我们简单地称作西式全餐，放在国王那儿，每次上菜有8个餐盘，一共上菜8次，共计64个餐盘。剩下的食物怎么处理暂且不论，总之，一人份的食物要做如下准备。

汤:2只去势(阉割)老鸡与4只鹧鸪煮卷心菜,6只鸽子的奶油浓汤,加有鸡冠与肉馅的浓汤;

前菜:去势鸡和鹧鸪;

开胃菜:仔牛肉与配菜16千克,12只鸽子肉的馅饼;

开胃小菜:6只炖鸡,2只鹧鸪的肉末,3只乳鹧鸪加沙司炖煮,6个炭烧派,2只烤小火鸡,2只包松露雏鸡;

烤肉:2只带脂的去势鸡,9只小鸡,9只鸽子,2只小鸽子,6只鹧鸪,4个果馅饼;

甜点:2桶水果,2种干果酱,4种砂糖煮水果和果酱……

这还只是午餐，路易十四6点钟还要吃晚餐。

通常情况下，路易十四是一个人就餐，由第一管家带头，紧跟数十名侍者，在城堡中排成一列，将食物从厨房送到国王就餐的地方。食物肯定无法完全吃完，据说这个时候会用鹅毛深入喉咙，把吃下去的食物吐出来，然后继续就餐。除了一日三餐，为了避免夜间饿肚子，还会准备夜宵。

此外，据说路易十四直接用手就餐，当时法国宫廷刀叉的使用已经普及，所以这样的习惯也仅是其个人偏好。

宴会中不可或缺的是起泡香槟。

香槟诞生于17世纪。有一个香槟牌子叫作唐培里侬，源自上维莱修道院中一位修道士的名字，正是这位修道士率先制作出有气泡、透明的香槟。

从前文中我们也可以发现，饮食已经成为彰显权力的外交手段之一。

法国料理发展的基础是法国经济的发展。路易十四的时代，财务部长科尔伯特主张重商主义，设立东、西印度公司，在美国、加拿大经营殖民地，计划振兴国内的文化艺术。这个时期，法国王室的繁荣达到顶峰，不单是宴会，以沙龙为中心的社交界也发展起来，贵族成为艺术家、厨师的赞助人。以巴黎为中心，崭新的艺术文化绽放开来。

众所周知，路易十四、十五以及他们的妃子、情人都是美食家，受此影响，王族中有许多人想成为美食家。同时，法国王宫营造的饮食生活十分奢华，达到其他国家所无法企及的程度。

法国王室的做派逐渐被欧洲各地的王族效仿，大约从18世纪开始到 19 世纪，欧洲上流阶层的食物基本上都是法国料理。 无论是俄罗斯的圣彼得堡，还是奥地利的维也纳，欧洲宫廷中进行烹饪的都是习得法国料理的厨师，王族成员也都食用法国料理，享用葡萄酒。

被称作“太阳王”的路易十四，因兴建凡尔赛宫闻名于世。为了兴建凡尔赛宫，路易十四请来了建筑家勒·沃、室内装饰家勒·布朗和园艺师勒·诺特尔这 3 位最负盛名的艺术家，从 1661 年开始，用了近 50 年时间，投入了巨大的财力。 凡尔赛宫中的任意一个装饰，都能够让人惊讶于路易十四对财富的投入。

欧洲诸国的王宫建筑有巴洛克、洛可可等风格，这些起初都是法国的样式。 封建君主时代，法国文化的优势地位不单体现在饮食方面，在绘画、建筑等其他艺术方面也有所体现。 正因为有这样的历史背景，才让现代的法国人与中国人一样，在文化上拥有自己的思想。

法国自豪地宣称：“欧洲人的文化是我们传授的。”

以近代为契机，以封建君主制国家为中心，欧洲政治发展起来，而其中又以法国的王室贵族为中心，形成了一套“饮食文化”体系。

法国大革命使宫廷饮食走向平民百姓

波旁家族统治下的法国历代王室，以美食家和凡尔赛宫为代表，奢侈浪费的风气盛行，持续的过度奢侈导致国库空虚，1789年法国大革命爆发。

相较于饕餮大餐的法国王室，普通大众身受饥饿之苦，于是打着“把面包交出来”的旗号，攻占巴士底狱，把以路易十六为首的王公贵族送上断头台。

顺带说一下，被处刑的路易十六食量巨大，同时还是葡萄酒迷，逃亡被捕的时候还在做着享受饮食的美梦。即使身处牢狱之中，也要求必须有美酒和奢华的食物，直到临刑前，据说也是吃饱了午餐，进行了午休，绝对称得上是真正的饕餮者。

以法国大革命为契机，被法国王室独占的高级料理为一般民众广泛知晓。革命爆发之后，被王公贵族雇用的厨师失去了雇主，在巴黎等地开设餐厅，宫廷文化逐渐向市民阶层传播。同时，由于革命政权进行了规章制度改革，在旧封建社会体制下被各种规章制度束缚的外食产业，也逐渐开始允许自由经营。所以，法国现代意义上的餐厅之所以能在市民之间广泛存在，得益于大革命。

追溯文化传播的过程会发现，文化由王公贵族培育，然后向市民阶层传播，而且传播的文化并不仅限于饮食方面。

以绘画为例，大革命之前，鲁本斯、伦勃朗等欧洲画家专门为王公贵族画肖像画。直到 18、19 世纪，画家才走出宫廷，由此出现了印象派等画派，而之前通过绘画能够生存下来的只有肖像画家。

音乐方面也是如此，大革命之前，包括莫扎特在内，乐师仅受宫廷贵族聘用，直到贝多芬时期才去到宫廷外。爱马仕、路易威登等专为贵族定制制品的品牌，在大革命之后也开始陈列在店里，售卖给一般大众。

封建君主时期，文化被王公贵族独占，经过大革命，绘画、音乐、“饮食”等各方面文化均传播到宫廷之外。拿破仑时代，在平民与文化人里，出现了许多讲究吃喝的人，同时也培养了许多优秀的厨师，这些厨师受各国王室聘用。

巴黎被冠以“世界美食之都”的称号，于 1803 年在欧洲首次发行了名为《美食年鉴》的美食指南。

维也纳会议上料理被当作外交武器

波旁王朝之后，法国用料理彰显权力，同时把料理当作外交武器。其中最为著名的政治人物是塔列朗，他是从拿破仑时代到王政复古时代这段时间法国的外交官。

1814 年到 1815 年，维也纳会议召开，法国外交大臣塔列朗带着厨师安托南·卡莱姆参会，会议期间不断地宴请谈判对手。

当时的法国已经开始将料理作为外交武器使用，换言之，当时法国的料理水平已经远远超过其他国家。

卡莱姆 10 岁时被父亲遗弃在路边，从食堂当学徒开始研究料理，曾在塔列朗专用的甜品店里担任糖果手艺人。在他的才能得到广泛认可之后，曾为英国太子、俄国沙皇工作，不但研究各种各样的料理和甜点，还精通料理的艺术，留下著作，被称作现代法国料理的奠基人。

维也纳会议举行之前，法国王公贵族大多雇用意大利等国的厨师。会议之后，情况逆转，各国的宫廷和大富豪的宅邸逐渐开始雇用法国人担任厨师。

现代法国料理的确立需要追溯到维也纳会议之后的 19 世纪到

20 世纪，19 世纪的罗特列克、亚历山大 · 仲马、巴尔扎克、维克多 · 雨果等以美食家著称的艺术家，以巴黎为中心活动，同时出现了以前文提到的布里亚-萨瓦兰为代表的形形色色的美食评论家，由此美食学发展起来。

波尔多葡萄酒分级也是从 19 世纪开始，源于 1855 年的巴黎万国博览会。 当时拿破仑三世下令对万博会上所有的波尔多葡萄酒进行分级，从众多城堡酒庄中选出 88 个，分别评定为一级至五级，这个分级方法一直沿用至今。

19 世纪后半叶，葡萄酒发展成为一般大众的日常饮品。

法国料理是一种文化

进入 20 世纪之后，奥古斯特 · 埃斯科菲耶、费尔南多 · 波因特等厨师相继登上历史舞台，他们给饮食带来了变革，现代法国料理也最终定型。

在里昂南部和维埃纳省，有费尔南多 · 波因特创立的金字塔餐厅，在里昂拥有自己餐厅的著名厨师保罗 · 博古斯是波因特的弟子，特鲁瓦格罗兄弟也是波因特的弟子。 他们都诞生于 20 世纪，并让法国料理的高超技艺享誉全球。

换言之，现代法国料理大致形成于近两个世纪，之后逐渐为世界知晓，并在第二次世界大战之后的20世纪后半叶达到鼎盛。

最近200年，欧洲席卷世界，成为世界经济文化的中心，这与法国料理兴起的时间几乎一致。欧洲掌控世界霸权的过程中，各个国家的王室聚集财富，并形成了高水平的文化。这些文化向着新产生的中产阶级传播，由此欧洲饮食文化也发展起来。

虽然近200年掌控国际政治霸权的是英国和美国，但是在饮食文化方面，影响全世界的是法国料理。法国料理与英国、美国的饮食有本质的区别，其特点用一个词语概括就是“饮食文化”。

“食物”不单是获取营养和赚钱的手段，还是一种“文化”，以法国葡萄酒与料理复杂的搭配为代表，“食物”需要下功夫钻研。此外，“食物”有时还是外交战略的重要武器。

正如前文所言，现在持续给予法国料理巨大影响的是亚洲的饮食文化，在下一章将讲述“集大成者”的中华料理。

第三章

曾经世界最富裕的国家中国和亚洲其他国家

曾经以拥有最为繁荣、深厚的饮食文化而自豪的中国,具有哪些法国料理所没有的优点呢?

从古代开始，中国大众饮食已经相当丰富，无论何时，街角林立的小摊都是一片生机。

真正的文艺复兴发生在中国吗

前一章，紧紧围绕着把“食物”作为“文化”的主题，我们详细阐述了因拥有深厚的饮食文化而称霸世界的法国。

事实上，就饮食文化而言，有一个国家拥有比法国更加深厚的文化底蕴：

那就是中国。

为什么可以如此确切地说中国的饮食文化在法国之上呢？当然是有理由的，为了便于理解，首先我们需要了解中国乃至亚洲的食物与经济历史之间的关系。

如果把距今 150 年至 200 年的这段时期看作西方国家的时代，那么在这之前则是东方国家的时代。

著名经济学家安格斯·麦迪逊曾说：从对 1820 年世界实际 GDP 份额的分析来看，中国占 28.7%，印度占 16%。

中国与印度的份额加在一起，约占当时全世界 GDP 总量的 45%。也就是说，直到 19 世纪初期，世界经济的中心毫无疑问仍然是中国与印度。

16 世纪，欧洲贸易船只经由好望角去到亚洲，当时中国正值明朝，印度正处于莫卧儿帝国时期。两个国家物产都非常丰富，不但有香辛料，还有砂糖等贵重食材，陶器、瓷器更是在世界范围内品质最优，当时的亚洲几乎已经拥有了现代文明的全部基础。

15 世纪欧洲文艺复兴时期，三大发明（火药、印刷术、指南针）的原型均早已由中国发明，连同纸的发明一起，被称作中国的“四大发明”。

几千年前，中国已经知道磁石具有指示南北方向的性质，12 世纪初期，已经有可浮于水上的磁石被应用于航海的记录。这个方法在元朝时被重新改良，通过丝绸之路，经由中亚、西亚地区，传到欧洲各国，欧洲人进一步改良，在金属轴承上放置磁石，由此形成了我们现在使用的指南针。

军用火药在宋代被发明出来，最初被金朝用在与南宋的战争中，之后被元朝大量使用。

印刷术在中国可往前追溯至 6 世纪末的隋朝，到 7 世纪中期的唐朝，已经开始使用木板印刷技术印刷经书和历书。有历史记载的，最早使用金属活字印刷术的大约是 12 世纪末、13 世纪时期的韩国[1]，当时韩国正处于高丽时代，而欧洲古腾堡金属活字印刷术的发明发生在15世纪，对比起来，韩国整整早了200年。

宋朝、元朝和明朝都是当时世界文化的中心。历史课上，我们仅仅被告知了欧洲的文艺复兴，事实上，真正的文艺复兴可以说发生在中国。除了中国，印度、东南亚各国甚至日本，都具有非常高的文化水平。

“四大发明”出现之后，在悠长的历史长河之中，最为繁荣的国家要数中国。人口方面，从唐朝开始，中国人口数量一直是世界第一，哪怕是20世纪没落时期，仍然稳坐第一的宝座。21世纪的今天，中国的人口数量依然是世界第一。经济实力方面，正如前文所述，直至19世纪初期，中国实力强盛，具有压倒性的优势。

纵观亚洲其他国家，印度尽管在18世纪中期逐渐没落，但是在此之前的莫卧儿帝国时期仍是一片繁荣。在亚洲西部，伊斯兰国家从7世纪开始兴盛，16世纪中期以前，伊斯兰帝国之一的奥斯曼帝国一直统治着地中海地区。

中国文明的巅峰时期是北宋和南宋。宋朝兴起于960年，一

---

① 现在学界对金属活字印刷术的起源有争论，可以确认的是，现存最早的金属活字印刷品见于韩国。——译者注

直持续到 1279 年，文明的巅峰大致处于 10 世纪与 11 世纪。

在历史长河中，中国一直是世界第一的人口大国。在 19 世纪以前，中国在文化与经济领域也处于世界领先地位（见表 3）。对于一个国家而言，丰富的“食物”是拥有同等经济实力的基础，中国正是拥有丰富的“食物资源”，才得以养活庞大的人口。

表 3　世界主要国家的实际 GDP 变化

（单位:1990 年的 100 万美元）

国家	1500 年的 GDP	1600 年的 GDP	1700 年的 GDP	1820 年的 GDP	1870 年的 GDP	1913 年的 GDP
意大利	11 550	14 410	14 630	22 535	41 814	95 487
法国	10 912	15 559	21 180	38 434	72 100	144 489
英国	2 815	6 007	10 709	36 232	100 179	224 618
西班牙	4 744	7 416	7 893	12 975	22 295	45 686
美国	800	600	527	12 548	98 374	517 383
中国	61 800	96 000	82 800	228 600	189 740	241 344
印度	60 500	74 250	90 750	111 417	134 882	204 241
日本	7 700	9 620	15 390	20 739	25 393	71 653
西欧合计	44 345	65 955	83 395	163 722	370 223	906 374
亚洲合计（日本除外）	153 601	206 975	214 117	390 503	396 795	592 584

资料来源:同表 1。

所以，经济繁荣的国家“食物资源”理应丰富。此外，众多民族的融入可以极大地丰富食物的多样性，从而形成深厚的“饮食文化”。

可以明确地讲，“中国是世界上饮食文化最悠久、最丰富的国家”。从“饮食即文化”的角度看，历史上，文化底蕴最为深厚的国家自始至终都是中国，中国人最终形成了中华思想，而这些是其他国家必须接受的事实。

中国深厚的饮食文化

中国饮食文化可谓丰富多彩，从各种各样的文献中可以看到这样的记录：中国饮食融入了众多不同民族的饮食文化，可以被称作杂食性的饮食文化。现在无论在地球上的哪个国家，都有中国餐馆，全世界任谁食用中国饮食，几乎都没有违和感，这就是杂食性的缘故。

中国南方地区是水稻文化圈，北方地区由于气候环境与南方不同，并不适合种植水稻。北方大多是游牧民，食物主要有小米、稗子、豆子等。

中国有上下五千年的历史，古代四大文明之一的黄河文明，事实上并不是米文化，最近在长江流域发掘发现的距今4 000年以上的文明，才是真正的米文化。

公元前3000年的仰韶文化时期，黄河文明已经开始使用石臼和杵，这告诉我们，碾碎、烹饪谷物的技术是从古代流传下来的。由于黄河流域并不能种植水稻，所以推测当时人们食用的可能是小米、稗子、豆子等杂粮。虽然也生产水稻，但是非常贵重，人们普遍食用小米，所以黄河文明是杂粮文明。虽然有“五谷”的说法，但是最初北方地区主要食用小米和稗子。

公元前2世纪左右，人们开始种植小麦，主食也逐渐变成面食。公元前139年，为了夹击匈奴，汉武帝派张骞出使西域大月氏。公元前126年，张骞带回了制作小麦粉的方法，由此用小麦粉制作的面、饼等食物传到中国。

面食的食用从汉朝开始，直到7世纪初期至10世纪初期的唐朝，随着石磨的普遍推广，面食得以推广普及。也就是说，从汉朝到唐朝这段时期，已经逐渐形成了现在的饮食文化。

通过引入小麦，中国北方形成了面食文化，由此进入面食的世界。此外，中国北方很早就开始与中亚游牧民族交流，深受西域影响，也形成了肉食文化。

中国南方，人们可以在海边捕鱼，也可以跨过海洋进行商品买卖。南方人很早开始就食用鱼类，当然北方人也食用鱼类，但只是以淡水鱼为主，所以南方与北方之间存在沿海与内陆的差异。总的来说，饮食文化的差异极大地丰富了文化多样性。

小麦主要分布在北方，水稻主要分布在南方，这是整个亚洲的共同点，由此带来了南北文化圈的不同。即使在印度，北方与南方的饮食也不同，北方食用小麦，形成以面饼和羊肉为主的饮食文化；而南方几乎不食用肉类，主食是大米。

饺子是中国的传统饮食，外皮由面粉制成，里边放有肉馅。饺子从中国东北传入日本，在日本很流行，它是北方小麦与肉食文化结合形成的典型食物。

大多数日本人认为“中国是大米的文化圈”，这个认知是错误的，正确的认知应该是“中国的南方是大米的文化圈”。中国南北文化交融，其整体一起构成中国的饮食文化，从“食物”的角度看，中华文明是“融合的文明”。

老百姓高水准的饮食文化

中国饮食文化的第二大特色是，除了以宫廷为中心的宫廷饮食文化，老百姓的饮食文化从很早开始就已经达到一个相当高的水准。孔子生活在公元前6—公元前5世纪的春秋时期，这个时期在中国是一个相当古老的年代，孔子可以称得上是美食家，著有“饮食日志”，这也说明当时的老百姓已经可以吃上美味的食物了。

中国的饮食文化历史悠久，餐馆从春秋时期开始出现，从孔子的文字中可以了解诸多外出就餐的事情。孔子生活在公元前6—公元前5世纪，法国餐馆的普及发生在18世纪法国大革命之后，中国的外食文化比法国整整早了2 000年。

餐馆的出现表明从春秋时期开始老百姓的饮食已经很丰富，也就是说，除了宫廷料理，老百姓的饮食文化也是在公元前就已经形成了。

中国的“食物”有几千年历史，且种类丰富，包括中产阶级在内的各个阶层都拥有丰富的“饮食文化”，这样的特征是欧洲所没有的。

其原因之一是中国的中产阶级人数众多。这里说的中产阶级，指王公贵族以外的富裕人群。在中国，一方面皇帝拥有绝对的权力，另一方面从很早开始就发展货币经济，商人数量众多，特别是以南方为中心的区域有“商人王国”的称号，很早之前就已经形成了富裕的商人阶层。

例如，“满汉全席”，直观理解是宫廷饮食，事实上它是地方豪绅款待中央官吏的宴会食物。

如果不是财富在一定程度上的集中，饮食文化必定也不会得到全面的发展。由于中国民间也累积起了财富，所以在宫廷饮食发展的同时，老百姓的饮食也发展起来。

古代中国除了商人活跃，历朝历代还是中央集权国家，中央拥有绝对权力，通过科举制度将全国人才聚集在一起。科举始于隋朝，唐朝继承，在宋朝得到完善。为了参加科举考试，全国各地有条件的年轻人都到了都城。在隋朝，也就是六、七世纪，家里拥有一定资产的人离开农村，逐渐向城市聚集，从而形成中产知识分子阶层。

由商人、官吏和知识分子组成的中产阶级，在中国的各个城市，逐渐培育起老百姓的饮食文化。

孔子奢华的餐桌

中国食物丰富的另一个原因是中国文化的开放性。

在某些文化圈，存在各种各样与食物相关的禁欲主义，人们常常被告知“这个不能吃”。佛教也有相同的倾向，不允许杀生。

然而中国的儒教和道教并没有这些禁忌。中国的文化是融合文化，食物方面也具有杂食性的特点，全世界没有哪一个国家可以像中国一样什么都吃。

《论语》这本书是孔子弟子对孔子言行的记录，其中“乡党第十”描述了孔子的衣食住行，文中有这样的描述：“食不厌精，脍不厌细。食饐而谒，鱼馁而肉败不食。色恶，不食。失饪，不食。不时，不食。割不正，不食。不得其酱，不食。肉虽多，不使胜食气。唯酒无量，不及乱。沽酒市脯不食。不撤姜食。不多食。祭于公，不宿肉。祭肉，不出三日，出三日，不食之矣。食不语，寝不言。虽疏食菜羹瓜祭，必齐如也。”

孔子生活在公元前6世纪到公元前5世纪，在孔子生活的时期，中国还没有小麦，主食是小米和稗子。从“乡党第十”中可以看出，虽然当时食用的是粗粮，但是舂得精细，同时也食用鱼和其他肉类，时而也会饮酒。引文中将蔬菜汤和瓜果称作粗茶淡饭，在日本人看来，实在是太奢侈了。

孔子是一位伟大的哲学家，对礼仪之事总是不厌其烦地说教，但是他并没有像宗教人士一般对食物进行限制，中国的古诗中，也有许多有关饮酒和宴会场景的描写。中国的特别之处就在这儿，没有禁欲主义，在文化层面上肯定现世的享乐。 中国佛教也是从印度传入的，但由于是外来文化，中国老百姓的感官更倾向于道教和儒教，肯定“食物”带来的快乐。

对现世享乐的肯定，是一种类似多神教式、心胸开阔的思考方式。 这也与前文提到的融合的文化紧密相连，肉可以食用，鱼也可以食用，“除了桌子，天底下所有带腿的东西都可以食用”。换言之，中国文化的包容度相当高。 中国文化认可对事物不同的思考方式，认可外界新事物的价值，也会逐渐接受新事物。

总体而言，中国认可各种各样的文化。 作为一个世界性大国，中国融入了许多不同的民族，他们带来了多种多样的饮食文化，这些文化最终在中国得到吸收与融合。

中国不单在国内南北融合，也在积极地引进世界饮食。 中国饮食接受了许多全新的食材和调味料，随着时代变迁，中国饮食发生了巨大的变化。

起初，唐朝吸收西方游牧民族的小麦文化，并从南方引进大米和酱料。 唐朝的时候，虽然正值中亚、西亚各国兴盛时期，但是首都长安仍然是世界贸易中心，同时也是吸收西方饮食文化的窗口，西方饮食被称作“胡食”，与被称作“胡乐”的西方音乐一起流行开来。 在首都长安，还出现了成排的、售卖油炸“环饼”

“油饼”的店铺，这些饼很像甜甜圈。

元朝时，中国饮食文化吸收了游牧民族蒙古族的一些饮食特色，把动物乳、奶酪作为原材料的食品增多；清朝时，则引入了满族的饮食特色。16 世纪之后，中国开始使用来自新大陆的食材。以辣椒为例，17 世纪传入中国，这才有了辣味十足的四川饮食。现在普遍食用的玉米粥则是经由欧洲传入美国，再从美国传入中国，在粥中加入玉米制作而成的。与不同的文化交流，有效地吸收他们的可取之处，这正是中国文化所拥有的包容力。

开放且宽容的中国历朝统治

美国学者贡德·弗兰克曾说：“中国的朝代十分强大，但是没有哪一个朝代像近代欧洲国家一样掌握霸权。”

在中国，虽然中央有强大的王朝，但是事实上，各地一直拥有地方统治者。中央权力认可地方统治者的统治，同时，地方统治者向中央进贡，以获得皇帝的册封，以此表明地方统治者的统治是经过中央认可的。实际上，用武力征服中国全域的仅有元朝，这也反映出中国的统治形态与西方霸权国家完全不同。

罗马帝国的统治哲学是完全包容和认可其他民族的文化，是一种宽容接纳的文化。罗马将周边国家变成它的所属领地，地方统治不做变动，但是会在当地建立军团基地，进行严密监视，而军事费用则通过税收获得。与罗马相比较，中国的统治关系更加缓和。

中国并不会将周边国家变成所属领地，只要周边国家派使者前往中国，礼节性地宣誓臣服，中国并不会做其他特别的事情。

以663年的日本为例。当时，日本与唐朝在百济白江口展开了激烈的水战，日本大败，日本、百济联军在陆地上也败给唐朝、新罗联军。战败后，日本朝廷认识到唐朝的实力，于是再次派出遣唐使，学习唐朝的先进文化。

唐朝不但没有认为“日本人是野蛮人，一定要将其打得落花流水”，反而欢迎日本的留学生。

唐朝的基础是“朝贡文化”，其他国家向中国朝贡表示敬意后，就可以得到皇帝的册封。如果奉上朝贡品，还可以获得几倍以上的中国土特产，仅仅从这一点上也能说明中国在物资上的丰富。

西方国家所没有的“医食同源”

中国饮食文化的另一个特征是“医食同源”，道教认为食材也是药材。

秦始皇统一全中国之后，热衷于追求“长生不老”。探寻长生不老的药物，找寻世外桃源的食物，是权力者的终极梦想。这也说明中国人的健康意识强，从很早之前就已经开始追求“医食同源”了。

中国“食物”的另一层意思是汉方药。所谓药膳，就是可以充当药材的食物。由于食物有药材的功效，所以把具有药效的食物组合在一起制成的饮食，称作药膳。

尽管对药膳没有专门的成文规定，但是众所周知，药膳需要考虑阴与阳、寒性食物与温性食物的平衡。例如，上海蟹的肺是寒性食物，食用后一定要饮用类似生姜、茶一类可以暖身的食物，这个做法从很早之前就在社会上普及了。

很早以前，茶被当作药物广泛使用，并传到日本，欧洲在很久之后才在英国等地形成红茶文化，他们的饮茶习惯也是从中国传入的。

正是“医食同源”的思考方式，把中国饮食与“致力于吃得多”的法国饮食区别开来。中国的饮食文化在“医食同源”方面造诣深厚，这也是最大的一个特点。道教的英文名字是 Taoism，它把长生不老作为一大理想，并把这个理想与食物紧密相连。这也说明很早以前，“食物”就已经与药材联系在一起了。

尽管法国饮食已经进入大众的世界，但是欧洲与美洲直到最近才将食物与健康联系起来。随着医学的发展，人们发现饮食习惯与健康关系紧密，社会上也出现了控制饮食的风潮。

中国唐代认为食物与健康关系密切，事实上，从汉朝开始，这个观念就已经开始传播，由此也说明中国的饮食文化不仅丰富，而且非常先进。

虽然中国在工业革命时期发展缓慢，但是同时期“食物”的种类更加多样化，品质也得到了极大的提升。经过长年累积，中国可以将饮食文化发展到如此高度，那么在以经济发展为目标的近代，谁又能低估中国人的潜力呢?

亚洲其他国家的饮食与经济

前文阐述了中国的饮食文化，追溯历史，中国以外的亚洲各国也培育出了比同时代的欧洲更加丰富的饮食文化。

意大利文艺复兴时期，信仰伊斯兰教的奥斯曼帝国从东西方贸易中获得巨大财富，并称霸地中海、西亚等地区，同时继承了罗马帝国的学术文化，形成了极尽繁华的王朝文化。

土耳其的饮食文化是游牧民族饮食文化的巅峰，拥有众多极致美食，丰富多彩的羊肉料理享誉全球。 土耳其美食与法国美食、中国美食并称为世界三大美食。

四大文明古国确定以来，可与中国相提并论的亚洲大国是印度。

中国文化影响了东南亚地区和包含日本在内的东亚全域，印度虽然属于亚洲大陆，但是南面临海，北面被喜马拉雅山脉阻隔，不同于西亚、东亚和中亚，形成了一个独立的文化圈。

印度受印度教影响巨大，从本质上讲是一个具有宗教色彩的文化圈，在社会生活与饮食文化方面有严格的戒律，这点与中国明显不同。

印度从土耳其和美索不达米亚地区引入小麦，很早开始就与中国保持着文化交流。

印度南北文化也有显著的不同。

印度北部有来自开伯尔山的欧洲雅利安人，也曾被亚历山大大帝军队入侵，频繁受到西方和北方的影响。北印度融入了西亚的游牧民族，受其饮食文化的影响，普遍食用肉类。

印度南方的人种与北方不同，几乎不吃肉，有很多素食主义者。南印度是香辛料、纺织品等贸易的中转站，西面与罗马、波斯，东面与中国都有文化交流。

值得一提的是，16 世纪到 19 世纪，印度由莫卧儿帝国统治，该国由帖木儿帝国子孙建立，帖木儿帝国位于中亚，拥有繁荣的伊斯兰文化。在莫卧儿帝国，古印度文化与伊斯兰文化融合，形成了高度繁荣的印度伊斯兰文化。17 世纪泰姬陵建成，以此为代表的宏大建筑以及莫卧儿细密画等优秀文化艺术发展起来，同时也形成了优秀的饮食文化。

众所周知，印度自古与香辛料产地邻近，饮食的一大特色是大量使用香辛料。比起中国，印度的“食物”稍显单调，可能是受宗教戒律约束的原因，有许多人基本上不吃肉也不喝酒。虽然印度饮食也是一种优秀的饮食文化，但是由于香辛料刺激性太强，并不适合其他国家大多数人的口味。

泰国、越南、柬埔寨等东南亚国家曾经都十分富裕，很早之前就已经开始进行香辛料贸易。中国和印度商人往来于东南亚诸国购买香辛料，相应地，东南亚诸国从印度进口纺织品等物品。

泰国和越南有许多华侨，这些地区受中国饮食文化的影响很大。

东南亚地区基本上属于大米的文化圈，与中国南方文化有相通的地方。 中国饮食与亚洲其他地方共通的食物中，最典型的有酱油。 据说中国的“酱”源于汉唐时期，当时不仅有用谷物酿制的“酱”，还有肉酱、鱼酱等品种，受此影响，东南亚地区也发展形成酱油文化。

中国、韩国和日本一般食用的是由谷物酿制的酱油，而东南亚流行的是鱼酱。“食用鱼酱和香辛料的大米文化”是东南亚的特色，以越南和泰国为例，越南有越南鱼酱，泰国有泰国鱼露。

东南亚地区虽然是佛教文明，但是并不曾禁止食肉。 越南的米粉、泰国的米粉和面条等面食文化，很有可能也是从中国传入的。 虽然泰国和越南受中国影响，但是并没有原封不动地接受中国的饮食文化。 他们通过添加本国特有的香辛料、辣椒、鱼酱等调味料，形成了自己独特的饮食文化，缅甸也是如此。

我们继续南下，来到印度尼西亚和马来西亚，这些地方拥有大米文化，会在许多食物中加入椰子。 他们主要使用辣椒和椰子调味，还添加砂糖增添少许甜味，几乎不使用酱油。 大概只有直接受到中国文化影响的地区才使用酱油。

与日本和韩国相同，东南亚各国也使用筷子，筷子文化同样也是从中国传入的。但是，筷子文化向西仅传播到缅甸，更靠西边的印度则是使用手和刀叉的世界。

宗教方面也存在区别，泰国和缅甸是佛教国家，印度尼西亚和马来西亚则以信仰伊斯兰教为主。

印度尼西亚属于岛屿国家，马来西亚临海，它们与古代相关的历史记录几乎没有留存。不过从四五世纪开始，由于推行印度化，把印度教、佛教作为国教的王朝相继诞生。建造于8世纪的婆罗浮屠，曾是一所佛教寺院，矗立在日惹近郊，因壮美而闻名于世。12到13世纪伊斯兰教传入之前，这些国家受印度教与佛教的影响巨大，即便是今天的巴厘岛等地依然可以发现它们遗留的影响。

南面的国家盛产椰子等各种各样的水果，同时海产品丰富，此外每年还可以多次收获大米。这些国家既位于谷仓地带，又受恩于大自然，是肉豆蔻、丁香等香辛料的宝库。

为了获得香辛料，欧洲人来到亚洲，16世纪以后，许多地区成为欧洲的殖民地。对当时的欧洲人而言，香辛料十分贵重，所以位于印度尼西亚盛产香辛料的班达群岛等岛屿具有很高的价值。据说荷兰为了独占这些地区并建立殖民地，把现在的纽约，也就是当时的新阿姆斯特丹，割让给了英国。

东南亚各国之所以被欧洲人征服并殖民地化，一个普遍的说法是“亚洲物产丰富，即使什么都不做，食物依然充足，既不需要劳作，也不需要组织能力，很容易被征服，所以亚洲并没有什么国力强盛的国家”。

事实上的确有这方面原因，这些地区从未出现过强大的中央集权国家。日本政策研究大学院大学副校长白石隆在《曼陀罗国家》里这样描述：“虽然有国王，但是其支配力不能覆盖全国，权力仅限于比较中心的区域，越远离中心的地方，王权的影响力越弱。”

远离权力中心的区域存在各自的统治者，所以从古代到中世纪时期，在东南亚国家，权力并没有向国家集中。换言之，仅仅依靠物产丰富这一点，这些国家便可以持续富足下去。

可是亚洲为什么反被欧洲殖民地化呢？以上的解说只是一部分原因，贫穷落后的欧洲是如何具备殖民富裕亚洲的实力的呢？下一章我们将试着考查个中缘由。

第四章

为什么贫穷的西方国家可以侵略富裕的亚洲

贫穷的欧洲从哥伦布时期开始将目光转向富裕的亚洲。

1942 年 2 月，驻新加坡的英国军队向日本投降。

侵略亚洲的可能性

中世纪贫穷的欧洲为什么可以侵略富裕先进的亚洲，实现逆袭呢？ 本章将对这个问题进行深入思考。

最明显且直接的答案是“武力”。 经过长年战争，欧洲擅长各种各样的武器、战术以及权谋术数。 为什么仅有数百人的西班牙军队可以征服印加帝国呢？ 主要是因为西班牙拥有印加人所没有的铁剑和战马。

但是印度和中国是亚洲大国，并不能简单地被征服，若想征服，必须制造大量的武器，养活大量的士兵，要做到这些，必须具备相当的财力。 那么西方国家是如何获得足以侵略亚洲的实力的呢？

罗马帝国的灭亡与中世纪的欧洲

5 世纪（476 年），西罗马帝国灭亡，1492 年，哥伦布发现新大陆。 5 世纪开始之后的 1 000 年间，欧洲处于中世纪时期。

古罗马与中世纪的欧洲，最大的区别在于富裕程度。 罗马倾尽心血保障帝国内部安全，由此人们才得以安心地经营农业，获得收成。 同时修建街道、水路管道、公共浴场等基础设施，让人们可以便捷健康地谋生活。 随着古罗马粮食生产量的增加，帝国越加繁荣昌盛。

但是最终罗马帝国没能抵御蛮族入侵，走向了灭亡。 曾经的安全保障不复存在，田地荒废，农业生产力低下，最终走向贫穷。

说到中世纪，那是王公贵族与骑士的时代。 当时，欧洲各地统治庄园的是诸侯，他们拥戴国王，但教皇作为宗教的最高统治者掌握着实权，教权与王权之间斗争尖锐复杂、旷日持久，由此各领地长期处于战火之中。

富裕且文化深厚的伊斯兰国家

中世纪时期，伊斯兰国家统治地中海大部分地区，7 世纪，以预言者穆罕默德为始祖的伊斯兰教势力崛起。 伊斯兰国家以阿拉伯人为中心，东面消灭萨珊王朝，西面从东罗马帝国手中夺取叙利亚和埃及，到 8 世纪后期，统治西亚全域以及北非地区。 现在西班牙与葡萄牙所在的伊比利亚半岛，在 8 世纪时期也曾被伊斯兰的倭马亚王朝征服，并以科尔多瓦为首都，建立了后倭马亚王朝。

事实上，在中世纪时期，将希腊罗马文明传承下来的不是欧洲而是伊斯兰国家。在科尔多瓦大学，现存有丰富的罗马时代的文献资料，求学者来自欧洲各地。

伊斯兰国家的主体是游牧民，同时，伊斯兰国家还是进行商业活动的商人国家，《古兰经》中便有商业道德方面的内容。

穆斯林秉持商业道德，为了进行贸易，向西到达地中海地区，向东到达印度尼西亚，这也是印度尼西亚和马来西亚两个国家的穆斯林众多的原因。

股份公司和货币经济的原型由伊斯兰国家发展而来，伊斯兰国家是商人的国家，伊斯兰教也是商人的宗教。与穆斯林一起活动的犹太商人，以及如今在贝鲁特的黎巴嫩商人（曾经的腓尼基人），他们与伊斯兰商人一起向东开拓市场，由此伊斯兰国家作为贸易中转地发展繁荣起来。

“十字军东征”引起世界经济巨变

11世纪，因为“十字军”的出现，世界发生了巨大变化。“十字军”是由基督徒组成的远征军，旨在夺回他们的圣地耶路撒冷，事实上，“十字军东征”可以说是，具有武力但是文化水平低下的国家袭击伊斯兰诸国，抢夺财宝和美术品。“十字军”侵略伊斯兰国家，刺杀敌人，做法残酷，同时还将抢夺的金银财宝带回国内，这些已经是公认的历史事实。所以“十字军”的称呼仅在西方国家使用，在土耳其等国被称作“拉丁的侵略”。

“十字军”第一次东征始于1095年克莱蒙会议，于1096年占领耶路撒冷，之后又被穆斯林夺回政权。远征反复进行了多次，第七次发生在大约200年后的1270年，最终“十字军”被伊斯兰国家打败。

“十字军东征”的这段时期，欧洲的中心是日耳曼和弗兰克，相较亚洲，欧洲可以说是被文化水平低下的国家统治。由于领土、宗教等问题，以及持续不断的战争，欧洲仅仅把武器发展起来，文化上依然贫瘠，“十字军东征”把战争带到了亚洲境内，后来还带来了殖民主义。

“十字军”后期的远征主要是试图夺回被伊斯兰国家掌控的通商线路，主导者是城市国家意大利。威尼斯、热那亚、比萨等城市，利用“十字军”，扩大东方贸易，快速地积累起财富。

1275年，马可·波罗来到元朝时期的中国，对当时的欧洲人而言，东方是一个遥远而让人憧憬的地方。

当时欧洲的饮食贫乏，以畜牧业为中心，牛、羊、猪、鸡等动物仅仅通过简单烘烤后就食用，主要通过盐浸、烟熏等方式保存食物。

欧洲的老百姓经常遭受饥饿之苦，王公贵族等上流阶层却可以吃上肉。从很多方面讲，中世纪时期是文化的暗黑期，饥荒时有发生，单单是黑死病就造成欧洲三分之一的人口死亡。同时，欧洲周边地区受伊斯兰国家压制，经济发展停滞，所以中世纪还是一个贫穷的年代。

中世纪时期，自罗马传承下来的文化传统受到基督教教会保护，其中修道院做出了突出的贡献。

在文化方面，处于核心地位的是修道院，教会与修道院一起保护文化。在饮食文化方面，面包、乳酪、啤酒、葡萄酒等食物的制作方法得到全面保护，因此，当时的神父拥有与贵族同等的地位。

即使今天在法国勃艮第，你还可以喝到一种名叫“伯恩济贫院”的葡萄酒。济贫院仅是修道院的一部分，它是归修道院所有的医院或疗养院，是现代医院的原型。修道院除了酿制葡萄酒和啤酒，还烘焙松糕、曲奇饼等点心，由于一些世俗的享乐被禁止，因此对修士和修女来说，葡萄酒、啤酒等酒水显得尤为重要。

世界宗教范围内，佛教和伊斯兰教禁止饮酒，欧洲的基督教允许教徒饮酒。《最后的晚餐》描绘的是耶稣给十二使徒盛葡萄酒的场景，由此也反映出基督教与葡萄酒有剪不断理还乱的联系。葡萄酒是耶稣的血，用来给门徒洗礼。“无酵饼是耶稣的肉体，葡萄酒是耶稣的血”的思考方式，也证实了中世纪时期饮食文化与宗教已经融为一体。

文艺复兴与意大利的饮食文化

从意大利文艺复兴开始，西方国家的饮食文化初见雏形。

这时，意大利的城市获得了与亚洲进行贸易的特权，这为意大利文艺复兴提供了经济支撑。

意大利的一个特别之处在于，地理上是连接欧洲与亚洲的通商之路，通过东西方贸易，许多城市繁荣起来，贸易给城市带来了巨大的财富。

贸易的主角是香辛料。 所谓“四大香辛料”，分别指印度的胡椒，东南亚的肉桂、丁香以及肉豆蔻。 香辛料从亚洲被带到欧洲，进行高价买卖。欧洲与亚洲之间的香辛料贸易，一直以来被伊斯兰商人和意大利商人独占，也就是说，亚洲的香辛料必须先经过伊斯兰国家，然后通过意大利，最后才销售到欧洲全域。

香辛料贸易带来了巨大的利润。15 世纪，从马来西亚采摘的丁香，其最终售价与最初栽种农家的卖价相比，据说可以翻 360 倍。丁香通过马六甲海峡之后，价格翻 10 倍，在印度价格再翻 3 倍，在欧洲价格再翻 10 倍，各个环节均获得了巨大的利润。

香辛料之所以如此珍贵，经常提到的一个原因是其对肉类有防腐作用。经济史专家川腾平太认为："仅仅因为可以充当防腐剂还不足以让香辛料如此珍贵，另一个原因可能是（人们认为）香辛料具有药用价值。"当时黑死病等疫病频繁发生，因为人们并不了解疫病暴发的原因，所以认为香辛料是治疗疫病的良药，由此香辛料才变得贵重。

威尼斯和热那亚是意大利的海港城市，与欧洲大陆各国以及英国之间，除了进行香辛料贸易，也进行丝绸、棉布和陶瓷的贸易。

贸易让意大利各个城市累积财富，同时也促进了米兰、佛罗伦萨等内陆城市纺织业与商业的发展。中世纪时期，不同于欧洲各国的停滞不前，意大利各城市绽放出独具特色的、耀眼的文化之花。

如今威尼斯留存下来的富丽堂皇的古建筑物，正是当时用商人们通过东方贸易挣的钱兴建起来的。

那个时期，如此繁华的街道，在欧洲北部完全不存在。在与地中海相反的方向，北方沿海也开始出现商业圈，吕贝克、汉堡等德国北部城市以及佛兰德等地，海产品和毛织物的买卖兴起，但是由此带来的利益完全不能与东西方贸易相提并论。

东方贸易的兴起，让意大利的文艺复兴同时拥有了伊斯兰文化和亚洲文化的特色。在饮食文化方面，来自东方的食材丰富了文艺复兴时期贵族们的餐桌，贵族和领主在自己的城堡、宅邸经常举办被称作“飨宴”的晚餐会，全权处理晚餐会的侍者总管被称作“Scalo”（意大利语），他们需要学习料理、葡萄酒和礼节，在社会上受人尊敬。侍者总管下边有烹饪师、侍酒师为宾客服务，时常还邀请乐师和歌手，同时料理的种类多到宾客无法一一品尝，晚餐会的规模和品质直接彰显了贵族和领主的财富与权力。

文艺复兴时期的料理也是文化史研究的对象，如今我们已经可以再现当时的烹饪方法和意大利的料理学校的教学场景。

在意大利各个城市，优秀的饮食文化发展起来的原因，除了从贸易中获得的财富以及受东方的影响外，还与国家形态相关。纵览欧洲以外的世界，中国、印度等亚洲大国自古是商人众多的国家，伊斯兰国家明显也是商业国家。在欧洲，商业倾向最明显的大概要数意大利了，意大利通过贸易积累财富，同时发展农业，诞生了许多富裕的商人。当其他欧洲国家受王家、贵族统治的时候，由于意大利商人势力强大，形成了一个没有受到君主专制统治的城市国家群。

因为意大利各国未受到君主专制统治，所以财富和权力并没有在宫廷集中，而是形成了追求美味食物的富裕的市民阶层。在富裕阶层生活的各个区域，诞生了具有地方特色的料理文化。通过政治联姻，意大利文艺复兴时期的饮食文化传入当时正处于君主专制下的法国，由此建立起与法国料理的紧密联系，后来法国料理逐渐发展成为欧洲料理的中心。

至今，法国和意大利仍存在许多规模不大的自耕农。

与快餐文化不同，“慢食运动”由意大利人提出，鼓励食用大地栽种的时令食材。一方面，意大利形成了热爱饮食文化的风土人情；另一方面，通过发展经济，意大利拥有了巨大的财富，由此也率先在欧洲发展形成了优秀的饮食文化。

哥伦布改变世界

历史学家曾说:“近代西方国家的兴起是从‘悠长的16世纪’开始的。”

“悠长的16世纪”始于15世纪末期,也就是1492年哥伦布发现新大陆,1498年,瓦斯科·达·伽马开辟了一条从欧洲经由好望角到达印度的航海线路。“悠长的16世纪”结束于17世纪初期,也就是英国与荷兰设立东印度公司时期。资本主义也在这个时期兴起。

也正是在这个时期,贫穷落后的欧洲开始逆袭亚洲。

这段时期的中心人物是哥伦布。在哥伦布与开辟新航线的瓦斯科·达·伽马之前,欧洲与东方的贸易需要经由中亚、西亚地区和意大利,当时威尼斯、奥斯曼帝国等国家把东西方贸易带来的财富收入囊中,在使经济繁荣昌盛的同时,也创造了丰富的文化。

中亚、西亚地区和意大利地处亚洲与欧洲的交接处。东西方贸易的主要物产有被称作四大香辛料的肉豆蔻、胡椒、肉桂和丁香,还有丝绸、陶瓷等。

值得一提的是，香辛料贸易带来了巨大的利益，正如前文所说，在全球范围内，生产地价格与消费地价格之间，据说存在高达360倍的价格差。

当时不存在不经由意大利和奥斯曼帝国，直接从大西洋到达亚洲的航线，所以位于大西洋周边的葡萄牙、西班牙、英国等欧洲国家，不断派出探险船探索非洲大陆沿岸以及大西洋。

哥伦布和瓦斯科·达·伽马最初的目的是发现可以到达印度的新航线，让自己的国家从与亚洲的贸易中获利，从而打破中亚、西亚地区和意大利对东方贸易的垄断。

东方贸易的利益源于香辛料。换言之，正是人们对“食物”的渴望，促使哥伦布发现了美洲，促使瓦斯科·达·伽马开拓出经由好望角到达印度的新航线。

来自新大陆的巨大财富与丰富食材

众所周知，哥伦布原本是计划去印度，结果发现了新大陆，给欧洲带来了意料之外的巨大财富。

哥伦布及其后继者，将当时不了解的全新食材从美洲大陆带回欧洲，在这些食材当中，许多是现代餐桌上不可或缺的。

例如说到意大利面，就不得不提番茄，番茄的原产地是南美安第斯山脉地区。在当地，番茄是一种食物，16 世纪被西班牙人带回欧洲，据说最初被当作观赏性植物栽种，并没有人食用。同属茄科植物的颠茄，是一种毒草，与番茄类似，由于气味恶臭也无人食用。

在欧洲，最初食用番茄的是意大利的那不勒斯人。16 世纪，西班牙王国统治时期，那不勒斯人引入了番茄，在 17、18 世纪这段时间，逐渐开始食用。意大利料理中，番茄酱不可或缺，18 世纪，那不勒斯人发明了番茄酱，所以在很多地方的意大利料理中，“那不勒斯”指的是番茄酱风味的料理。简单的番茄酱风味的意大利面，在意大利语中又被称作“Spaghetti al Pomodoro”，在日语中也有类似的名字，叫作“スパゲティ・ナポリタン”（Spaghetti Neapolitan，那不勒斯意大利面）。

番茄开始被食用之后，便成为意大利料理的核心食材，现代意大利料理已经离不开番茄酱和橄榄油了。得益于哥伦布从新大陆引入食材，意大利的饮食文化甚至是欧洲的饮食文化发生了一次大革命。

17 世纪中期的江户时代，番茄传入日本，最初与欧洲一样，仅作为观赏性植物栽种，明治维新以后才开始食用。

辣椒作为意大利料理另一个不可或缺的食材，也是从美洲传入的。

加入番茄酱和辣椒油的意大利面，被称作“意式香辣茄酱空心粉”。很早以前，在地中海地区，人们会在大蒜、橄榄油中加入辣椒，然后用于制作意大利面，这样制作的面条被称作“蒜香螺旋面”。

从辣椒开始，青椒、红辣椒等众多蔬菜相继传入欧洲。

哥伦布在航海时发现辣椒，并带回欧洲，起初被人们忽略，之后葡萄牙人再次把辣椒从巴西带回国内，后来便在世界各地普及。

优秀的饮食文化时常被其他文化吸收。

对于韩国料理、泰国料理等亚洲料理而言，辣椒不可或缺，而且都是在16世纪经由葡萄牙传入的。

中国的四川料理以辣著称，在辣椒引入之前，为了获得辣味，通常使用花椒和胡椒。胡椒原产地是印度，花椒原产地是中国。四川料理添加辣椒获得辣味的做法并不久远，也就是18、19世纪的事情。

辣椒经日本倭寇传入韩国，据说最初被称作“倭辛子”，如今被称作“国民料理”的韩国泡菜，在辣椒传入之前并不存在。

即使是亚洲，也因为哥伦布发现新大陆，在饮食方面发生了巨大变革。

土豆的引入拯救饥荒

另一种从新大陆引入的重要食材是土豆。

印加帝国的安第斯高地地区经济繁荣，自古以来土豆便被作为主食栽种。

16 世纪，欧洲引入土豆，现如今仍然保存着当时向西班牙国王腓力二世进献土豆的记录。

起初，欧洲人并不食用土豆，因为土豆形状不规整，在圣书上也没有出现过，所以欧洲人很避讳，把土豆看作“恶魔的食物”，“连狗都不吃”。

土豆原产地是安第斯高原，即使是寒冷的地方也可以栽种，在小麦等谷物收成不好的时候，常拿来应对饥荒。

当时德国等欧洲内陆国家，由于冻害、战争等原因，经常遭受饥荒。 在土豆引入之前的 1524 年，德国农民战争爆发，紧接着 17 世纪发生三十年战争，经过长年战争，农田荒废，引发了大饥荒。

这个时候，荷兰佣兵把土豆带入德国，农民开始种植土豆，从而度过危机。战争带来了大范围的饥荒，在毫无其他解决办法的情况下，人们只能开始食用土豆。

由于欧洲人对土豆的偏见根深蒂固，使得土豆一直未得到全面普及。18世纪后期，普鲁士的腓特烈大帝亲自带头致力于土豆的普及，德国各地终于逐渐开始栽种土豆。

从前文提到的历史发现，德国比法国等国更早地食用土豆，对现在的德国料理而言，土豆也是必不可少的。在德国，据说曾经有这样一种说法："如果不知道200种土豆料理的做法，是不能出嫁的。"

土豆煮熟后，与洋葱和培根炒在一起，被称作德国风味土豆。过去被嫌弃的土豆，如今已成为德国餐桌饮食的主角。

在这多说两句，在美国和日本被称作"French fry"的炸薯条，实际上其发源地是比利时。在比利时，炸薯条最初的叫法是Frite（法语，意思是油炸土豆条），把土豆油炸后食用，之后广泛传播，在传入美国的过程中，不知什么原因名字变成了"French（英语，意思是法国的）"。

正如前文所述，从美洲大陆引入的新食材，极大地改变了欧洲人的饮食习惯。现如今人们意识中的欧洲传统料理，其中许多都使用了来自新大陆的食材，也就是说这些传统料理是近代诞生的。

文艺复兴与大航海时代的到来，昭示着欧洲迎来了近代，形成崭新的国家与社会的同时，“食物”的世界也发生了变革。

君主专制与奴隶贸易

由于发现了新航线，西班牙开始控制东西方贸易线路。在与亚洲进行贸易时，欧洲贪求亚洲的物产，频繁出现财政赤字。

随着贸易的进行，欧洲的黄金和白银不断流入亚洲，同时，获得亚洲物产与扩大贸易规模变得越来越困难。

这时在国家主导下，西班牙在美洲大陆的殖民地开采矿山，获取黄金和白银，克服贸易赤字。起初，西班牙把当地的土著美洲人当作奴隶使用，让他们开采金银，然后用这些金银从亚洲购买物产。

由于残酷的掠夺，以及从欧洲带来的传染病，美洲当地人口锐减，造成劳动力不足。为了补充劳动力，殖民者便在非洲大陆搜罗奴隶，然后把他们送到美洲，这就是所谓的奴隶贸易。

在欧洲，由于战争频繁，形成了中央集权的君主专制政权，王室为了增强国力，下令进行探险和航海，同时独占贸易权益，并实施殖民统治。此外，欧洲逐渐实现了宗教的一体化。世界历史上，最先形成君主专制体制的国家是西班牙和葡萄牙，该体制的形成可以看作西方国家近代史的开端。

当时，伊斯兰国家与亚洲诸国都是商业国家，在意大利，虽然罗马教皇和各地领主同时存在，但基本上也可以看作由商人组成的城市国家的集合体。

当时的西班牙，已基本形成现今的主权国家体制，王室介入私营经济，在国家主导下发展各行各业，以贸易为中心的世界经济开始被武力控制。

16、17 世纪，君主专制国家成为贸易的中心，贸易形式由此确定下来。具体地讲，欧洲商人把奴隶从非洲运到美洲，在美洲开采金银矿产，然后去亚洲，用金银进行物产交换，最后把物产再运回欧洲。

这个时期，香辛料、砂糖、棉织物等诸多亚洲的物产变成了人们的必需品。以富庶的亚洲为中心，形成了东亚、中亚、欧洲的三角贸易关系（见表4）。

表4　印度尼西亚与欧洲居民收入对比

年份/年	印度尼西亚人		欧洲人(含混血)	
	人口/千人	人均国民收入/荷兰盾①	人口/千人	人均国民收入/荷兰盾
1700	13 015	47	7.5	1 245
1820	17 829	49	8.3	2 339
1870	28 594	50	49.0	2 163
1913	49 066	64	129.0	3 389
1929	58 297	78	232.0	4 017

资料来源:同表1。

种植园

西班牙虽然通过新大陆获得了巨量的黄金与白银，但是在欧洲战争中投入了大量金钱，同时又不擅长种植园经营，结果导致国家经济逐渐衰退（见表5）。

① 欧洲在2002年之前的通用货币为荷兰盾,2002年之后被欧元取代。本书所使用的荷兰盾为1928年的货币值。

表 5　通过海运从美洲大陆运到欧洲的黄金与白银的数量(1500—1800 年)

年份/年	黄金数量/吨	白银数量/吨
1500—1600	150	7 500
1600—1700	158	26 168
1700—1800	1 400	39 157
合计	1 708	72 825

资料来源:同表 1。

把西班牙取而代之的，是国力变强的英国和法国。 它们在新大陆成功地经营种植园，累积财富，并在强大的王权统治下，提升国力。 1604 年，法国开始在加拿大进行殖民统治；1607 年，英国开始在美洲弗吉尼亚地区积极开拓。

18 世纪后期，英国以东印度公司为主导，开始在印度推进殖民化。 1840 年，通过鸦片战争，将中国的香港收入囊中。 1858 年，以西帕衣兵团的叛乱为契机，开始对印度进行直接统治。1863 年，英国与日本萨摩藩进行萨英战争。 第二年，法国开始侵略越南。 1886 年，英国将缅甸殖民化。 1887 年，中南半岛成为法国领土……亚洲殖民化进程加快。

第五章

快餐的入侵

“食品工业化”诞生在追求经济效率的美国,侵蚀了全世界人类的健康和饮食文化。

快餐蔓延到整个美国，给美国带来了一种极其严重的疾病，那就是“肥胖”。

差异巨大的两大饮食潮流

我们从第一章和第四章的内容中已经知道，通过新大陆的发现与种植园的经营，欧洲控制了食物、衣服相关商品的批量生产，以此为基础，实现对亚洲的殖民化，掌控世界经济的霸权。

欧美实现近代化的同时，饮食文化也得到巨大的发展，最终形成了两大不同的饮食潮流。两大饮食潮流分别是前文提到的法式和欧美式，也就是把食物作为“文化”发展的国家和把食物作为“资源”发展的国家。

英国把食物作为“资源”进行掌控，是欧洲列强中经营种植园最成功的国家，创造了近代资本主义体系与金融体系，在世界上率先成功完成工业革命。

作为英国殖民地当中的“优等生”，美国独立发展，全面推进粮食的规模化生产和生产效率的提升。在工业领域，以福特为代表，开创了流水线规模化生产技术。紧接着美国将工业领域的生产系统融入食品加工领域，推进“食品工业化”，创造了营养辅助食品、转基因食品以及快餐等多种食品形式。

法国把食物作为“文化”发展，专研料理技术，在饮食文化方面树立“文化大国”的形象。法国是出了名的在某些领域都与美国唱反调的国家，让人记忆犹新的是它对伊拉克战争的强烈反对，其他方面的例子也有很多。比如，为了保护自己国家的电影文化，对电影院上映的美国哈利·波特系列电影进行管制，对麦当劳开设分店也进行了严格限制，反对快餐的姿态尤其鲜明。

按照前文所述，我试着把世界上主要国家的饮食文化形态分成两类，一类是把食物作为“资源”进行掌控的国家，一类是把食物作为“文化”进行掌控的国家，具体分类如下：

“把食物当成资源”：英国、美国、加拿大、奥地利等。

“把食物当成文化”：中国、日本、法国、意大利、西班牙、阿根廷等。

虽然也存在完全不适用于这种分类的国家，但是，我们还是可以把绝大多数国家直接分成盎格鲁-撒克逊国家、亚洲和拉丁系国家两种类型，这仅仅是偶然吗？围绕这两组国家，从“食物”和“经济”的特征出发，我试着列举了更多的关键词。

盎格鲁-撒克逊国家 = 快餐、贫乏的饮食文化、金融业、系统化、效率主义、全球化

亚洲和拉丁系国家 = 慢食、丰富的饮食文化、制造业、手工艺、品质主义、本地化

你做何感想呢？ 简单说明下，中国、日本等亚洲国家的共同点是制造业的技术实力强大，这源于国民的勤劳，以及从古至今就有的手艺人传统。 现在虽然是自动化生产的时代，但是许多精密加工还是需要熟练的手艺人来操作。 特别是遇到像汽车一类由几万个零部件组成的集合体，自动化生产与配研加工等技术之间的差异显著，以丰田为代表，在该领域日本无疑是世界领先的。

由于学习先进工业国家的技术，中国的制造品质正以令人难以置信的速度提升，并对日本在制造行业的地位产生了冲击。 此外，现在全球制造商选择在中国工厂生产几乎所有产品。 从中可以发现，制造业的发展所体现出来的中国人的国民秉性，与曾经在中国出现的众多优秀的发明和工艺品，以及形成丰富的饮食文化所展现出来的中国人的特性是相同的。

但是一个无法否认的事实是，在创建经济制度与统治制度方面，与盎格鲁-撒克逊国家相比，亚洲国家处于劣势。

拉丁国家是什么情况呢？ 在殖民地经营方面，它们没有盎格鲁-撒克逊国家擅长。 在金融领域，它们虽然未曾遭受类似日本的损失，但仍然落后于盎格鲁-撒克逊国家。 在制造业领域，虽然它们的制造技术不及日本等国，但是拥有日本所没有的优势，那就是品牌的力量。 例如，意大利的菲拉格慕和古驰、西班牙的罗意威等高端商业品牌，带来了超高的利润。经过千锤百炼的设计，使用上等的原材料，经过精心的制作，这些品牌的产品最终能够以高出成本几十倍的价格销售。

商业品牌的形成与法国料理的发展有相同的社会背景，归根结底，这是对绝对王权时期宫廷极尽奢华“文化”的继承，王室贵族曾经的威望也得到了充分的利用。

日本可以制作出世界品质第一的产品，但是并不擅长打造可以高价销售的高端品牌。以陶瓷为例，陶瓷起源于中国，日本伊万里市有田町的烧制也先于欧洲各国，但是让人感到不可思议的是，比起王室御用的深川产的瓷器，现在的日本人更看重丹麦皇家哥本哈根瓷器和德国的麦森瓷器。

在高端汽车市场，日本车曾经完全比不过欧洲车，但是当丰田在美国市场推出“雷克萨斯”品牌后，大获成功，其关键原因在于这款车具有欧洲汽车所没有的“安静”，同时一切设计以人为本。雷克萨斯从2005年投入日本市场开始，已经基本拥有超越欧洲高端汽车的实力。

在“食物”方面，亚洲与拉丁系国家代表了世界饮食文化最优秀的部分。虽然慢食主义由意大利人提出，但是日本、中国以及许多拉丁国家一直都在践行慢食文化。

盎格鲁-撒克逊人的功与过

盎格鲁-撒克逊人的特点是擅长通过掌握事物规律进行高效管理。在殖民地统治和种植园经营方面，英国的效率最高，且取得了巨大的成功。盎格鲁-撒克逊人建立了金融体系和近代资本主义体系，通过工业革命，他们确立了规模化生产的体系，并掌控大宗商品市场交易，即使战争时期，在物资方面也胜过对手。但是在制造业方面，英美产品的品质逐渐被后来者超越，即使是世界最大的汽车生产商通用汽车，最近也在燃料节约技术方面落后，市场份额被丰田的普锐斯等车型夺去，市场占有率急速下降。

为了应对制造业危机，美国下定决心转变产业结构。由于美国是超级大国，资本主义制度与规则的变更向着对本国有利的方向推进，虽然在制造业领域处于劣势，但是美国可以通过金融的力量获取利益。通过尼克松冲击、广场协议、金融危机、BIS 制度等事件，美国改变了世界金融规则，同时在 IT 技术驱使下，实现了金融技术的革新。世界经济结构向着对美国有利的方向转变。同时，美国通过强大的政治力量，把本国制度作为全球标准，向其他国家输出。

然而，当美国把系统化手段应用到“食物”领域时，在全世界引发了一个严重的问题，那就是快餐。

19 世纪到 20 世纪这段时间，如果把法国料理的形成当作“食物”领域的大事件，那么另一个大事件则是美国带来的快餐行业的兴起。

20 世纪 30 年代的经济大恐慌时期，在制造业领域，汽车生产商福特创立了真正的规模化生产技术，该技术迅速普及，带来了工业制品价格的降低。以机械制品大众化为契机，世界开始进入真正的工业化时代，跑在最前面的是美国，20 世纪后期，也就是第二次世界大战之后，世界开始进入“美国时代”。

20 世纪后半叶，美国不断地对“食物”进行改革，进而改变了世界饮食文化。值得一提的是，美国把工业领域的规模化生产方式应用到农业和食品领域，由此诞生的饮食文化就是快餐。“肯德基”的创始人是哈兰·山德士，他在 1930 年开创了第一家门店，名叫“山德士咖啡馆”，并从 20 世纪 50 年代初开始，花钱推广“肯德基”的制作方法。

大约在同一时期的 1948 年，麦当劳兄弟在加利福尼亚改装路边餐馆，这就是现代“麦当劳汉堡”的雏形。

说到快餐饮料就一定会提到“可口可乐”，“可口可乐”出现得更早，由佐治亚州的亚特兰大在1886年创立。

从根本上讲，美国的饮食文化是肉食文化，由于对老百姓来说牛排价格过于昂贵，所以规模化生产的汉堡大受欢迎，实现汉堡规模化生产的正是麦当劳。当美国获得世界经济主导权的时候，麦当劳、肯德基等快餐产业开始遍布全世界，快餐成为世界饮食的主流。

在美国，出现了以汉堡为代表的快餐以及面向大众的人工合成饮料可口可乐，肉牛、小型肉鸡等家畜家禽被作为快餐原材料大量养殖，同时还出现了大型超市、便利店等面向大众的零售市场。

“食品工业化”是一个大问题

20世纪后半叶，美国在食物世界带来的一连串变革，被称作“食品工业化”。

美国把工业领域流水线生产汽车的规模化生产技术应用到了“食物”的世界。

类似汽车销售，谷物、肉类、快餐等也在世界范围内销售，

“食物”成为工业化时代规模化生产和大众消费文化的一部分。如今美国产业中也有相当一部分产业与“食物”相关，玉米、小麦等不仅作为食品原材料出口，也作为二次加工品出口。

美国食品产业遵照通过规模化生产和大量消费以提高收益的经营战略和资本理论，给与食品相关的产业带来了巨大的利润。与控制汽车制造的零部件公司类似，商业资本控制了农业和农民。

麦当劳等快餐连锁店形成了一个巨大的食品产业，他们分析食品行情，依据市场需求，对原材料进行恰当的、大批量的调运，正如“麦当劳控制美国农业”“快餐连锁店给美国农业带来疲敝，不能持续发展”等言论所批判的，比起农民，快餐连锁店对市场拥有绝对的支配权。

埃里克·施洛瑟在《快餐世界》(草思社刊)中也尖锐地指出：食品工业化破坏了原本存在的农业共同体，不单带来环境问题，还带来诸多的社会问题，必须谨慎考量。

此外，快餐让人们感觉迟钝，让饮食文化逐渐堕落，所以“食物”本就不应该向着工业生产的方向发展。

工业产品要求不受地域和季节的限制进行规模化生产，并且必须保持品质的一致性。“食物”的基本要求是，通过多品种少批量地生产以确保其丰富性，食物在土地里种植才可以确保新鲜，在特定的时节食用才能够确保美味。

美国人理应是有“土地”和“时节”概念的。圣诞节吃火鸡，复活节吃鸡蛋，每个季节的“食物”原本张弛有度，可是由于产业文化的侵入，饮食文化遭到破坏。

曾经，狩猎民族杀死动物的时候，会双手捧举虔诚祈祷，另外，游牧民族把黄油和牛奶当作主要食物，而不是简单地杀掉生产这些食物的牛羊。虽然在举行庆祝活动的时候，人们会捕杀并食用动物，但是他们会像杀掉自己的宠物一般，满怀哀伤，感情真挚。记得我家为了食用鸡蛋而亲自养鸡，时常也会为了吃肉而杀鸡，每当这个时候，内心还是感到很悲伤。

现在，鸡作为食用肉类被规模化生产，对食用的人而言，“残杀动物”的情感不复存在。

从健康的角度讲，在狭小区域养殖大量动物，如果不采取必要措施很容易造成疫病蔓延。为了预防疫病蔓延，从业者会使用抗生素等药品，人们食用摄入药品的动物之后，健康受损，形成恶性循环。这是“食物”工业化带来的问题，这也意味着“食物”已经偏离其本身存在的意义了。

食品从业者在情感上也变成了工厂主，已经失去了照顾动物的感情，还时常不注意卫生。

虽然我并不认为在工厂生产的食品都不好，但是也会时常疑惑：遵从资本理论，规模化生产便宜的食物，这真的合适吗？ 规模化生产农作物虽然可以避免饥荒，但是相反地，不是也引发了许多损害人们健康的问题吗?

2004 年上映的美国影片《超码的我》，讲述了快餐如何危害人们的健康，导演斯普尔洛克亲自做人体实验，通过每天吃汉堡套餐来验证，是一部特别的纪录片。 斯普尔洛克每天坚持吃快餐，仅仅 30 天体重增加了 11 公斤，高血压和脂肪肝也随之而来，同时丧失性欲。 他还写了一本书《不要吃，危险！！》（角川书店刊），书中详细阐述了快餐给美国人的健康带来的巨大危害。

如今美国孩子当中，2 型糖尿病患者数量急速增加。 2 型糖尿病并不是一种遗传病，而是不良饮食习惯所引发的疾病，美国疾病控制与预防中心（CDC）预测，2000 年出生的孩子当中，未来每三个人中就有一个人可能罹患糖尿病，在非洲裔和西班牙裔的孩子当中，这个数字飞升到每两人中就有一人可能患病。

此外，一项关于美国人均卡路里摄入量增加的研究发现，1971 年女性群体日均摄入 1 542 卡路里，到 2000 年这个数字上升到 1 877 卡路里，男性也从 2 450 卡路里上升到 2 618 卡路里。

以上两个问题的原因显而易见，快餐连锁店随处可见，土豆食用量不断增加，汉堡尺寸也越来越大。类似“增量 30%，价格仅增加 10%，可以节省 20%”的广告数量众多，这是美国惯用的营销方式。

“食品工业化”的后果之一是，2004 年仅美国国内就进行了 14.4 万例肥胖症手术。

英美式的“食物全球化”引发了疯牛病

英美国家把食物看作资源，通过规模化生产和大量消费提升效率。在实现食物全球化的过程中，爆发的一个典型的负面问题是疯牛病。

1994 年到 1995 年，英国年轻人当中，突然频繁出现罹患克罗伊茨费尔特-雅各布病的病发报告。所谓克罗伊茨费尔特-雅各布病，指人脑组织脱落，最终病变成海绵状，致死率 100%。

1996 年 3 月，英国的政府工作报告给全世界带来巨大的冲击，报告称，年轻人群中发生的克罗伊茨费尔特-雅各布病症状与之前发生在老年人群中的不具传染性的病症完全不同，这种病症被称作疯牛病，是由于食用了患牛脑海绵状病的牛的肉之后，被感染所引发的一种疾病。

1985 年 4 月之前，脑海绵状病并未在牛身上出现，这种疾病原本被称作羊瘙痒病，是羊固有的一种地方病。 当时英国农场养殖的牛不断出现异常行为，有的突然发起攻击，有的甚至变得行走困难。 对这种牛的大脑解剖发现，其大脑已经变成了海绵状，这与患羊瘙痒病的羊的大脑是一样的。

为什么发生在羊身上的羊瘙痒病会让牛也感染上呢?

从工业革命开始，英国引入美国的快餐，实现了食品的规模化生产，而其中却潜藏危机。

牛本来是草食性动物，小牛啃食草原的草，牧童慢慢将其养大后奶牛生产牛乳，然后肉牛被屠宰后端上餐桌。

珍视自然规律是农业本该有的姿态。

当把农业等同于工业来考量之后，由于强调单位面积的生产量，所以，在宽广的草原上慢慢饲养牛被看作一种没有经济效率的方式。

20 世纪 20 年代，英国率先用“肉骨粉”代替草饲养幼牛。当时把羊、牛、猪等家畜的骨头和尸体，收集起来加热，用溶剂去除脂肪，最后干燥获得“肉骨粉”。 将“肉骨粉”溶于牛奶之后，就可以作为饲料喂养幼牛了。第一次世界大战后，由于开始使用“肉骨粉”饲养牲畜，生产效率得到飞速提升，原本作为废物处理都很麻烦的家畜的尸体被再次利用，同时费事费力保持大片牧场以供牧草生长也变得没有必要。

用“肉骨粉”饲养牲畜意味着让草食动物之间互相蚕食，患羊瘙痒病的羊骨屑也混入了“肉骨粉”之中。

可是，为什么羊瘙痒病在此之前并未感染牛，而是在1985年才跨越了物种之间的壁垒呢?

日本青山学院大学理工学部化学生命科学教授福冈伸一著有《普利昂学说是真的吗》(讲谈社出版)一书，书中指出，当时正值20世纪70年代的石油危机，原油价格疯长。

为了制作“肉骨粉”，加热过程需要消耗大量的石油。由于原油价格飙升，“肉骨粉”的价格随之上涨，作为英国重要出口产品之一的牛肉价格也乘势而上。为了削减成本，英国的肉骨粉从业者选择将加热处理环节简化。

长时间加热处理的“肉骨粉”不会传染羊瘙痒病，一个可能的原因是，长时间加热后病原体遭到破坏。但是，由于削减成本，“肉骨粉”的制造过程被简化，没有遭到破坏的病原体残留了下来。

20世纪70年代末，人们开始简化制造工艺生产“肉骨粉”；20世纪80年代，牛患上脑海绵状病症；人类食用病变的牛肉之后，在90年代爆发了脑海绵症。

英国政府在牛脑海绵状病症出现的3年后，禁止将“肉骨粉”饲料作为反刍动物饲料。但是禁令仅限英国国内，遭到污染的“肉骨粉”饲料处理困难，依然正常出口。由于英国并没有出台相关的规章制度，遭到污染的“肉骨粉”悄然销往全世界，法国、美国等国家也爆发了疯牛病。

日本在疯牛病发生后，全面禁止从美国进口牛肉，直至2005年才取消该禁令。在这样的背景之下，把食物作为产业发展的美国牛肉行业承受了巨大压力，于是开始去除牛肉的危险部位，所谓“危险部位”，是经过现代医学和科学判断后确定的一个范围，然而也有学者指出，仅仅去除危险部位并不能确保绝对安全。

所以，对追求“效率和生产能力”的英美式产业而言，无论如何必须兼顾安全。

不了解鱼种类的美国人

我在读高中的时候，受益于“美国战地服务团”（AFS，国际文化交流组织）的留学生交换制度，得以留学美国。 下面我将讲述一件发生在20世纪50年代后期的事情。

我曾在宾夕法尼亚州约克郡生活了一年，当时没有遇到过一个日本人。 那个时候，去国外的日本人很少，我自己对美国普通人的生活方式没有事先储备知识，到美国后，遭受了巨大的文化冲击。 不过印象中那个时候的美国古老而美好，乡村城镇的人们十分亲切。

当时让我吃惊的是，美国普通大众并不知道鱼的种类。 虽然超市中销售切好的鱼肉，但是标签都是“鱼”，我所在的寄宿家庭也是采用这样的说话方式：“牛肉、鸡肉、鱼肉。”

也许去高档餐厅的有钱人有所不同，对一般大众而言，提到鱼就只知道“鱼”。 此外，他们基本上不吃鱼，仅仅在不能吃肉的时候，也就是基督教禁止吃肉的星期五，会选择吃鱼，而且不管是什么品种的鱼都被笼统地称作“鱼”。

烹饪方式也很简单，并不会加盐烤制，而是油炸，或是直接放入烤箱烘烤。

不单是鱼，美国普通民众基本上不会在做食物上花心思。

由美国人发明并在世界范围内广泛传播的料理只有一个，那就是“沙拉”。

在美国人的饮食中，除了沙拉，基本上没有其他蔬菜料理，蔬菜一般仅夹在肉里一起食用。日本的蔬菜料理很多，而美国人主要吃肉，肉之间会放一些蔬菜，然后就是土豆和面包。概括地讲，美国的食物基本上就是面包、黄油和肉。所以对美国人而言，最奢侈的料理是牛排，当说到“今天吃牛排哦”，大家都会很开心；不能吃牛排的时候，就变成了勉为其难地说“吃鸡肉吧”。

周围发生的这些事情给我留下了美国人对料理不讲究的印象，也许正是这个原因，快餐文化才得以最先在美国生根。

极致的慢食

虽然美国全境都被快餐“污染”的说法并不言过其实，但是在纽约、洛杉矶等城市，上层阶级和富有的中产阶级已经开始重视健康，越来越崇尚慢食。纽约等地出现了许多所谓的融合料理，也就是在传统西洋料理的基础上，融入中国、越南、泰国、日本等亚洲料理，其中日本料理带去了很大的影响。

在纽约最有人气的餐厅，比如“Jean Georges”和“Aquavit”，菜单中可以看到日本料理的技法和日本的食材。

Marinated Hiramasa, Nori Mustard（添加拉式黄旦鱼的腌泡汁、芥末味海苔）

Sea Trout of Sashimi（海鳟的刺身）

Sliver of Japanese Snapper（切细的日本鲷鱼）

Cod, Honshimeji, Lemongrass Consomme（含有鳕鱼、玉蕈、柠檬草的清汤）

Wagyu Carpaccio（日本和牛的生肉片）

Kumamoto Oysters（熊本产的牡蛎）

Kobe Beef Tongue Salad （神户牛舌沙拉）

其他的如松茸、柚子等食材，也以日语罗马发音的形式直接放在菜单中。

日本饮食的繁荣并不是一时的流行。纽约一流的法式餐厅“Brasserie Les Halles”的总厨安东尼·波登，1999 年初次到访日本，对筑地市场丰富的食材感到吃惊。在接受杂志采访时他这样说道：“我们从日本引入了寿司等优秀的饮食文化，从而制作出了加州卷等全新的料理。生鱼片有了优美的设计，纽约厨师们的手艺得到磨炼，美国人通过眼睛和舌头鉴别鱼品质的能力提高了，纽约餐厅所有鱼的品质也得到了很大的提升。”

日本饮食给美国饮食文化带来了根本性的转变，可以说日本饮食是极致的慢食主义。

下一章，我们将详细挖掘日本饮食繁荣的根本原因。

第六章

日本饮食风靡全球的理由

纽约美食餐馆排行榜中，有好几家日本料理餐馆上榜，日本料理的流行并不是一时的。

在美国，普通大众喜欢快餐，上流阶层和知识分子更偏好日本料理。

北京高级酒店里的寿司吧

现如今，世界范围内对日本饮食的评价都很高。其中与寿司相关的寿司店，在世界各地不断出现，风靡全球。寿司店在巴黎、纽约、北京都有，这股热潮也席卷印度、东南亚等地区。

讲一个我在北京凯悦大酒店的亲身经历。李泽楷是香港首富李嘉诚的二儿子，也是购买日本国有铁路东京站旧址的电讯盈科（PCCW）的主席，他在北京建起了凯悦大酒店。有一次我入住凯悦酒店，一天工作结束后已经是晚上 9 点，和同事相约“一起喝一杯”，于是去了酒店内的一个酒吧。

从当地消费水平判断，酒吧的消费应该很高，可是在酒吧里，有相当多的中国年轻人。

酒吧的正中间是寿司的服务台。

与日本最近常有的风格类似，店内光线比较暗，服务员把菜单拿来后，还需借用手电筒照射，相当有格调。

菜单上用罗马字写着“SUSHI”（寿司）“SHIROMI”“TORO”（金枪鱼脂肪多的部分）等名称，写的不是“TUNA”（金枪鱼的英文名称），而是“TORO”（金枪鱼的日文名称）。

看菜单的时候，听到一位中国客人说：“来一份 SHIROMI。”这种表达方式现在相当流行，在高级酒店里吃寿司，已经变成一种时尚。

前面提到的白石隆先生，他在提到亚洲时曾这样说：“东南亚有三个发展方向，即美国化、日本化和中国化，三个方向同时推进，而在中国，美国化、日本化也在同步推进”。

从感情上讲，中国人抵触日本和美国。但是从文化层面讲，中国也受日本和美国的影响：麦当劳分店不断出现，寿司店也不断出现，同时资生堂化妆品等日本产品大卖，日本动漫也相当受欢迎。

世界上最丰富的季节感

不单在中国，在欧洲和美洲，日本料理也非常流行。

流行的原因之一，是日本饮食有益健康。

日本料理最基本的理念是“季节感”，这是一种文化，依照时节获得新鲜食材，利用高超的技术进行精细处理，从而充分发挥食材本身的味道。日本四季鲜明，时令食材交替出现，这在其他国家几乎很难做到。在法国，春天有龙须菜，秋天有松露、蘑菇、野味等，但还是不及日本丰富。

日本的春天是一个拥有野菜、竹笋、卷心菜等美味的季节，是盛产白鱼、针鱼、稚鲇、云鰶、樱鲷和鲳等鱼类的季节，也是盛产蛤蜊等海鲜的季节。

初夏一到，银鱼、蚕豆就出来了。

初夏刚过，在寿司店里享用小鲦鱼和墨鱼的人络绎不绝。

进入梅雨季节，竹荚鱼长肥了，据说食用了梅雨时节的雨水的黑鱼也会变得更加美味，同时还可以开始享用樱桃了。

夏季的鲈鱼、鲽鱼、石头鱼等十分美味，这个时候的鲇鱼、鳗鱼、鲍鱼最好吃，暑伏期间也离不开鳗鱼，此外配毛豆喝酒最享受。 西瓜、柠檬水、刨冰等也都是让人怀念的儿时记忆。

秋天一到，美味“百花齐放”。 秋鲑、小鲦鱼制作成天妇罗食用，虾虎鱼、沙钻鱼（鱚）也很好吃，同时也终于到了吃牡蛎的季节，更别说松茸、舞茸等食用菌类了。 梨子、栗子、葡萄等水果也很多，刚成熟的荞麦香味宜人，盐烤的秋刀鱼就着新米做的米饭食用的话，无论是谁都会觉得作为日本人真是太好了。

冬天，鱼也变得相当美味。 金枪鱼、鮟鱇、河豚、黄甘鱼、石斑鱼、螃蟹等好吃的食物成堆出现，同时也到了食用根菜、菠菜、白菜等蔬菜的季节。 野鸭、野猪最吸引人。 吃着橘子、苹果和柿子，吃着荞麦面，听着除夕夜的钟声，在节庆的食物里迎来新的一年。

如何？ 日本受大自然恩惠，有相当丰富的、季节性食材，这不是所有国家都有的。

说到烹饪方法，法国料理的烹饪需要花工夫，通过加入黄油、奶酪来获得浓郁的味道，这样的做法与日本料理的做法形成鲜明的对比。 此外，日本料理与美国的食品工业化完全不相容，日本料理几乎不使用动物油，卡路里也很低。

现在，正因为“有利健康”，日本料理被欧美国家重新接受，并逐渐流行起来。

给法国料理带来的影响

日本料理风靡全球不仅是因为其有益健康。 法国作为崇尚欧洲饮食文化的国家，厨师们对日本料理拥有浓厚的兴趣，并积极吸收日本料理的优点。

20 世纪 70 年代，经过“新潮烹饪运动”，法国料理发生了巨大变革。 这次变革以费尔南多·波因特和保罗·博古斯两位大厨为代表。 变革前，由于继承了宫廷料理传统，法国料理大量使用黄油和奶酪，花心思使用沙司营造厚重感；变革后，法国料理开始将食物盛在精美的小器皿中，让食材的味道活灵活现地呈现出来。

虽然无法确切地证实，但是据说这样的改变是因为受到日本料理和到法国的日本厨师的深远影响。

作为法国新潮烹饪运动的旗手，乔·卢布松在法国业界相当有名，虽然他并未获得三星厨师的称号。卢布松到日本的时候，料理评论家山本益博时常带他去寿司名店“次郎”，有时也会去日式饭馆“吉兆”。

我从“次郎”的老板那儿听说了当时的一些事情。

卢布松在店里品尝寿司时曾说：“这个我做不到。”什么做不到呢？原来是做不出来掺了醋的米饭。“次郎”老板轻轻地捏握米饭，好像其中充入了空气一般，但是又不会捏坏，这是名手的技艺，也是卢布松说“自己做不到”的原因。来日本前，卢布松认为寿司“这种东西很容易制作”，更不曾想过在他的料理中加入寿司元素。

最终，卢布松把他在日本的经历融入了自己的法国料理。

卢布松成功的秘诀之一也许正是他拥有了日本料理知识。这得益于卢布松20年前访问日本，如今在巴黎、纽约等地，日本料理的手法、食材被很好地应用。当时，我曾被他创建的名叫“JAMIN”的餐厅给惊到了，很有日本料理的感觉，而这竟然不是错觉。

大约从20世纪70年代开始，法国餐馆里出现了许多日本厨师，最典型的是法国L'ambroisie餐厅。

“Queen Alice”（女王爱丽丝）的石锅裕、“She-Ino”的井上旭、“Petit Point”的北冈尚信、“Hotel de Mikuni”的三国清三等厨师，在日本法式餐厅领域并不出名，但是他们在法国等欧洲国家则获得了很高的评价。

说到其中的原因，第一是他们在料理方面有优秀的才能，第二是法国的厨师和美食家追求日本元素。

井上先生在成为法国大厨之前，在京都学习日本料理。他将掌握的日本料理知识融入法国料理，从而开创了一个独特的世界。

活跃于法国的日本厨师把日本细腻的味觉注入正宗的法国料理之中。

与其说现在法国三星餐厅里都有来自日本的厨师，不如说如果没有日本厨师，三星餐厅将无法维持现在的高水准。

如果说新潮烹饪运动受到了日本料理的影响，那么可以说，早在20世纪70年代，法国料理就已经开始日本化了。

不只是法国，意大利也出现了类似的情况。意大利提倡食在当地、食在当季，并重新看待从以前开始就在全国各地传播的传统食材与烹饪方法，也正是意大利人，最早提倡慢食运动。

即使在意大利知名餐厅，也有许多日本厨师，他们被视若珍宝。原本意大利料理中就常有海鲜，并且活用食材，使用番茄酱、橄榄油等调料简单烹饪食物，这与日本料理相通，两者都有利健康。橄榄油是植物油脂，因为有利健康，所以重新得到了认可。

日本料理人知晓日本饮食传统，处理鱼的手法世界第一，同时还掌握了海带汁、鲣鱼汁等调味汁的使用方法。

尽管罗马、东南亚也有鱼酱，但是日本通过把鱼发酵、干燥后提取汤汁的习惯，在世界范围内是独一无二的。无论是西方国家的大厨，还是懂味道的吃货，无不对日本的汤汁赞不绝口。

引入日本料理风格之后，法国料理发生了巨大变化。如果传统的意大利料理也融入日本料理的元素，可能也会产生精致、全新的料理吧。

近来日本的年轻人常被称作“啃老族”或“家里蹲”，他们几乎没有工作欲望，对比起来，前往他国学习的年轻厨师相当了不起。

虽然法国的厨师也来日本学习料理，但是应该没有哪个国家像日本一样，如此多的人为了学习国外的料理而去当地餐厅学习，有的甚至在语言还不通的情况下就直接出国了。

我们似乎仅从料理的世界也可以感受到“日本的未来还是有希望的”。

日本饮食文化的起源

世界瞩目的日本饮食文化是如何形成的呢?

从众多的贝冢发掘可知，日本从绳文时代开始食用海鲜等水产品，绳文时代快结束时引入大米，弥生时代水稻耕种已经全面普及，谷物和海产品成为日本人的主食。

与东亚其他国家相同，日本的饮食文化也受中国饮食文化的深远影响，在从中国引入的饮食文化中，最具代表性的食物有大米，以及后来成为日本调味料核心的酱油。

酱油是由“酱”演变而来，最早的记录出自周朝（公元前11—前3世纪）的《周礼》，这本书整理汇集了当时的政治经济制度。书上记载，当时制作了许多种酱料以供皇帝享用，这些含有肉、鱼、谷物等，放入盐发酵形成的调味料，早在汉朝以前就已经存在。

在4世纪的大和时代，日本也已经拥有同样通过发酵制得的调味料，由于后来佛教传入，人们逐渐避开鱼酱和肉酱，通过发酵谷物得到的谷物酱成为主流。从701年的《大宝律令》了解到，朝廷有一个直属部门叫“酱院”，该部门主要负责以大豆为原材料制作酱油。奈良时代的《万叶集》里也提到，“酱”作为调味料，以皇宫为中心传播。

此外，味噌曾经被写成“未酱”，是液态的“酱”浓缩之前的形态，与“酱”同时存在，现代味噌的具体形成时间暂不明确。奈良时代，鉴真东渡日本，据说带去了“豆豉”，也就是味噌的原型。日本现存最早的关于味噌的记录来自《日本三代实录》，这本书是鉴真东渡日本之后的平安时代（901年）编纂的。

从室町时代开始，味噌和酱油在民间普及，这也是现代日本调味料的原型。

酱油和味噌来自中国的说法是有根据的，发掘绳文时代的遗址时还发现，绳文人已经开始发酵橡子，制作并食用被称作“绳文味噌”的调味料。

日本从很早之前就开始有本土的饮食文化，然后在此基础上引入中国的食材和调味料。

日本还从中国引入陶瓷并当作餐具使用，但是并不是说在此之前日本就没有餐具，日本在绳文时代就已经开始制作土器了。

筷子作为吃饭的基本工具，也是从中国传入的。

虽然具体传入的时间不明确，但是据说发生在 4 世纪到 8 世纪，通过遣隋使或遣唐使传入。

日本筷子文化的独特之处在于不使用勺子。

中国的勺子文化很发达，炒饭等食物会直接用勺子食用，在中国，勺子和筷子是组合使用的。 但是不知道什么原因，勺子并未传入日本，在日本，吃饭和喝汤都使用筷子。

日本虽然从中国引入了筷子，但是并未使用勺子，可以说是形成了自己的筷子文化。

进一步讲，在中国，筷子是竖着放置，在日本，筷子是横着放置，竖着放置类似餐刀，也许是受游牧民族的影响。

为什么不食用肉类

日本从中国引入了许多饮食文化，但是并未引入肉食文化。日本食用鸟类，但是不吃四足的动物，这源于佛教禁忌。

佛教多次传入日本，对日本文化影响最为深远的是初期传入的佛教，也就是6世纪到7世纪的飞鸟时代，由中国的移民带到日本的佛教。圣德太子和天智天皇信仰佛教，颁布了“禁止食肉的命令”，明治维新之前，日本一直禁止食肉。

虽然不能食肉，但是由于日本是岛国，可以食用鱼类来保持营养的均衡，并形成自己独特的饮食文化。

日本的佛教从中国传入，作为传入国的中国，大家却正常食用肉类。对中国而言，佛教是外来宗教，从老百姓的宗教观念和文化意识判断，中国并非佛教国家。事实上，老百姓拥有道教等本土宗教信仰，并没有禁忌意识，由此形成凡是可以食用的东西均可食用的文化。

日本对佛教教义是一成不变的信仰和传播，所以逐渐形成了不同于中国的文化。

从奈良时代到平安时代，把谷物磨成粉的加工方法从中国传入，由此日本饮食文化中出现了面食和点心。

紧接着从镰仓时代到安土桃山时代，禅文化从中国传入，对日本的饮食文化带来了影响。

禅文化崇尚素食主义，这也构成了日本怀石料理的基础。

伴随着茶道的兴起，作为茶点心的糕点被制作出来。

中国用肉制作羊羹、包子等食物，日本由于受佛教影响，肉被红豆等植物食材替代，从而形成现在的日式点心。

室町时代大米收成量增加，老百姓的主食变成了大米，鱼成为主要的副食，也正是在这个时期，芥末被制作出来，生鱼片料理开始普及。

观察神道教的仪式发现，日本的传统饮食以大米、海产品为主，佛教带来了另一种食物流派——怀石料理。这两种饮食的融合，构成了现代日本料理的基础。

欧洲人带来的食材

日本战国时代，日本饮食受到了欧洲的影响。

葡萄牙的航船漂到日本种子岛之后的1543年，火绳枪传入日本，这之后葡萄牙的船只停靠在平户，开始对日贸易。16世纪50年代，圣方济各·沙勿略在大内义隆位于山口的领地开始传教。

当时欧洲处于大航海时代，葡萄牙人先到了美洲大陆，再进入日本。

当时，和火枪、基督教一起，欧洲的饮食文化也传入日本。

葡萄牙等欧洲的商人，把番茄、玉米、辣椒等新大陆的食材带到亚洲。

土豆由荷兰人从马来西亚带到日本，当时雅加达（日文名：ジャカルタ）是荷兰在亚洲的前线基地。据说土豆是从雅加达传入日本的，所以土豆（日文名：ジャガイモ）的日文名字与雅加达的日文名字相似。

同样来自美洲大陆的食材还有南瓜，南瓜由葡萄牙人带入日本，当时柬埔寨（日文名：カンボジア）是葡萄牙在中南半岛的前线基地，所以南瓜（日文名：カボチャ）与柬埔寨的日文发音有部分类似。

南瓜和土豆的名字原本不是日语，也不是英语和法语，不管具体如何传入日本，它们的名字都与传入地的名字相似。

除此之外，蛋糕、添加有金平糖等砂糖的点心也从欧洲传入，融入日本独特的制作方法之后，发展形成了日式点心。

可以这样说，日本料理把从中国等国家引入的饮食作为原型，然后根据本国人的喜好国产化，从而形成了自己独特的饮食形态。

如今风靡世界的寿司，最初也是东南亚一带一种保存鱼的方法，据说“熟寿司”是在弥生时代与水稻的栽种一起传入日本的。近江地区有名的“鲋寿司”也是寿司原型的一种，通过在鱼与大米中加入盐腌制发酵而成。

江户时代后期的文政七年（1824 年），两国地区出现了“与兵卫寿司”，即在醋饭上放置生鱼片。这种寿司出现后，便以江户为中心传播开来。

尽管寿司的原型在东南亚，但是经过日本改良之后，形成了日本独特的寿司，并在世界范围内传播。

不单是饮食文化，日本文化相较中国文化也独具个性，发展形成了独特的形式，之所以很难被征服，很大一部分原因在于日本通过海洋与中国大陆分隔。

韩国等国与中国接壤，接受了更为强大的中国文化的影响，东南亚一些国家情况也类似。

江户时代的元禄时期（1688—1704），江户荞麦屋增多，出现了售卖寿司、天妇罗等的外食产业。因为大火灾的修复工程，工匠和劳动者从各地聚集而来，为了给他们提供饮食，出现了可以食用茶饭和煮豆子的小摊。

17 世纪后半叶，宽文时期（1661—1673）到元禄时期这段时间，随着社会发展，日本出现了料理店。但是即使在元禄时期，经营茶饭的店面仍屈指可数，真正的外食文化诞生在 18 世纪后半叶，即从宝历时期到天明时期。

19 世纪初期，正值日本文化、文政时期，江户的料理店数量超过6 000 家，从数量上可以发现，外食文化已经浸透到普通老百姓的生活之中。

日本的外食文化远不及中国，因为中国在公元前就已经有外食文化了。 但是作为欧洲外食文化先锋的巴黎，餐馆的大面积出现发生在 18 世纪后半叶到 19 世纪这段时间，所以可以说日本外食文化开始得相当早，老百姓的外食文化也随之发展起来。

在音乐等娱乐方面，从江户时代开始，日本的歌舞伎已经成为老百姓的娱乐活动之一。 歌剧成为欧洲老百姓的文化是 19 世纪之后的事情，这个时候日本平民文化已经相当丰富。

在日本宫廷享受古典音乐的时候，老百姓也在享受歌舞伎带来的乐趣，同时日本使用木板大量印刷浮世绘、读本、笑话集等，小说也在 19 世纪初期成为可以给平民带来乐趣的大众文化。

元禄时期，荷兰商馆的驻馆医生恩格尔伯特 · 坎培尔从日本回国之后，出版了著作 *AMOENITATUM EXOTICARUM 1712*，书中把日本称作“桃源乡”。

与同时代的欧洲相比，日本是一个文明程度很高的国家。

事实上，日本从江户时代开始，阶级间的贫富差距变小，老百姓生活舒适、经济宽裕。

原因之一是土地所有制。那个时候，财富源于土地。在欧洲，上层阶级独占土地所有权，在日本，作为统治阶级的武士并不拥有土地。社会人类学家中根千枝曾说，早期日本土地所有权观念产生于奈良时期，借鉴了唐朝的土地制度，实施班田收授法，把土地划归国有。由于大和朝廷没有什么权威，土地国有制度崩盘，仍然保持自耕农形式。

接下来的江户时代，土地的所有权仍然属于农民。

幕府、大名以及侍奉他们的武士，虽然名义上被给予领土，但实际上土地归农民所有。幕府、大名从农民那儿征收年贡，并以大米作为俸禄发给武士。

这种方式与今天的课税制度类似。

江户时代的农民虽然苦于繁重的五公五民、六公四民的年贡，但是税金上缴之后剩下的收成哪怕很少，也是自己的。而且村落自治之后，实际收成由百姓自己计量，虽说是五公和六公，但是具体的量可以蒙混过关，大米之外也可以用蔬菜来支付税金。考虑实际情况后推算，实际税率最多也就30%，与现如今相当或者更少。

同时代的欧洲与日本情况相反，土地属于国王和贵族，自耕农几乎不存在。农民都是佃农，属于农奴的一种。收成基本上属于领主，农民只能从领主那里拿到属于自己的那一份。

这两种制度的区别很大，由于日本统治阶级不具有土地所有权，所以他们基本上都不富有，武士还会因为贫穷做一些副业，很多大名有大量欠款，各藩的财政也相当拮据。

专家指出，日本统治阶级虽然拥有权力，但是并未同时拥有与之匹配的财富，这在世界范围内都是特例。

日本人上下级之间的生活水平基本上处于相同水准的情况，并不是从现在才开始。法国波旁王朝时期，王宫太过奢侈，1789年爆发法国大革命。同一时期，松平定信从1789年开始，推行宽政改革，同时由于之前作为老中（江户时代总理政务，监督诸侯的幕府官员）的田沼意次在位时，官员腐败，老百姓生活铺张浪费，所以发出节约令。

对比之下，法国上层阶级奢侈，下层平民贫穷挨饿，由此引发了大革命。与之相对，日本下层平民铺张浪费，因此老中会对平民严加管束，若不幸造成社会不景气，老中还要被免职。由于日本的统治者会因为平民铺张浪费而被罢职，所以并未爆发革命。

日本的近代化与“食物”

近代之后的日本历史与“食物”关系密切。

19 世纪后半叶，欧洲称霸世界各大海洋，曾经以经济繁荣而自豪的中国和印度，事实上已经被欧美国家半殖民地、殖民地化，而日本最终并未被殖民地化。

这是因为日本发展起了足以与欧美国家相抗衡的近代化，而近代化之所以能够实现，很大程度上与“食物”相关。

“如果农业不富足，就无法实现近代化。工业化的基础是农业革命，要求农业的生产效率不断增加”的说法已经在历史学者之间形成定论。

如果农业的生产效率无法提升，工业化所需的劳动力也无法获得，所以农业生产效率没能得到提升的国家，即使梦想实现近代化也无法成真。

明治维新时期，日本的农业生产效率已经显著提升，这源于日本在江户时代完成了农业革命。

经济学家速水融把这一场农业革命称作勤勉革命，以此与欧洲工业革命相对应。农民极尽勤勉、长时间劳作，领主们也鼓励排水开垦等发展生产、振兴农业的事情，这些给予了农业革命有力的支撑。此外，这个时期各藩为了振兴农村，把生丝、砂糖等制作成商品，纸、蜡、陶瓷等当作地方特产进行专门销售。农村由于进行绢和棉的生产，农村工业化发展起来。同时，日本老百姓的教育水平也很高，识字率位于世界前列。

正是由于这样的大环境，明治时期新政府率先推行近代工业化，从而避免被殖民地化。

除了西欧国家，土耳其等国家也尝试进行近代化，均以失败告终，原因之一正是农业生产效率低。

这也就意味着，日本实现近代化最大的原因在于，江户时代进行的农业革命带来了农业生产效率的显著提高。农业工业化之所以发展起来，正是因为粮食的生产效率高。

亚洲之所以成为欧洲侵略的目标，原因之一在于“食物”的丰富性，同时正如前文所述，日本之所以能够抵御侵略，原因则在于“食物”的生产效率高。

战争与“食物”

美国从农业国家发展起来，时至今日仍然是农业大国。日本则是在明治维新之后，第二次世界大战之前，发展成为农业国家。

正如农业专家所言，第二次世界大战刚结束的那段时间，日本农业的发展水平与明治时期并没有本质上的区别。

昭和30年（1955年），日本农民人口为1 600万，这与明治时期的情况几乎相同。明治时期（1868—1911年），日本全部劳动人口为3 000万~4 000万人，其中大约50%生活在农村。截至第二次世界大战爆发前，50%~60%的劳动人口生活在农村。单从人口判断，当时日本已经属于农业国家，同时由于生产力较高，国内基本实现粮食的自给自足。第二次世界大战后，经济高速发展，日本劳动人口总数增加，所以农民人口占比降低，但是战后短期内，受限于经济发展程度，农田仍然使用牛和马进行耕作，当时的农村满眼望去尽是牛马。而如今，日本粮食的自给率仅为50%。

在国家建立的过程中，农村的状况与社会的安定有巨大的关联。

第二次世界大战的爆发就与日本农村的疲敝有很大关系。

疲敝的原因正是前文所述的发生在20世纪20年代的世界经济大萧条。

经济大萧条爆发的时候，日本已经利用农村的劳动力，将轻工业发展起来，重工业也得到一定程度的发展。 值得一提的是，早在第一次世界大战前后，世界上大部分国家已经发展成为农业国家，实现粮食的自给自足。

世界范围内经济不景气与大萧条，导致农产品价格暴跌，各国农村均遭受巨大损害。

第二次世界大战以前，日本半数以上的劳动人口从事农业生产，社会以农村为中心。 受大恐慌影响，农村衰落，农民生活于水深火热之中。 当时，日本军队中有许多出身农村的军人，他们强烈地批判政府，在掌控军队实权后，开始将目光投向海外。

虽然世界经济大萧条给日本带来危机，但是由于日本国内已经形成自给自足的体制，因此并未出现大饥荒。 但是，日本许多的农民变成了士兵，他们不仅去亚洲其他国家，还有很多人移民到美国、巴西等国家。

日本饮食文化的特征

日本传统食材有大米、海产品、蔬菜等。

在西式料理中，获得美味的基本方式是使用肉汁，而在中国，则是使用多种多样的酱、油、香辛料等，东南亚国家与中国类似。

日本食物一般使用海带汁和鲣鱼汁，这种从晒干后的海产品中获得味道的方式很独特。

以海带、干鲍鱼为代表的干物，在日本有悠久的食用历史，这些都是祭祀仪式不可缺少的食物。 从平安时代开始，与宗教有关的食物大多是海产品，而其中又数鲍鱼最为珍贵。 905 年，日本开始编纂《延喜式》，其中列举了约 40 种鲍鱼产品。

高桥忠之是志摩观光酒店的法式大厨，辻嘉一先生是京都怀石料理屋主人兼美食评论家，他们共同出版了一本书，名叫《万神殿的盛宴——来自太阳、土地、海洋的恩赐》，书中高桥先生把日本古代饮食文化比作“鲍鱼文化”。

喜事的时候使用鲷鱼，订婚的时候使用又长又薄的干鲍鱼片或海带作为礼物，这样的风俗在如今的日本依然留存。 在日本，从古代开始，喜事时还会食用干燥后的鲍鱼片，由此鲍鱼慢慢变成了干鲍鱼片。 此外，鲍鱼还和宗教有深远的联系。

鱼干等干货在欧美国家几乎不存在。

欧洲唯一制作干货的是葡萄牙拿撒勒，与日本渔师町相同，制作干竹荚鱼。

据说，曾经有葡萄牙人乘船来日本的时候，看到港口附近的日本人制作干货，可能由此记住并把方法带回国内。

很早以前，日本干货就已经出口中国。

装入草袋子里的海参、鲍鱼、鱼翅三种水产加工品，被称作“俵物三品”，非常贵重。

在17世纪的江户时代，长崎是日本唯一的贸易港口，大量金、银、铜通过贸易不断流出。出于担心，幕府转而把“俵物三品”作为出口产品，接着“俵物三品”从全国聚集到长崎，主要出口中国。

“俵物三品”从日本出口中国，这之间的贸易早在室町时代就已经开始了。

室町时代，足利义满与中国（明朝）之间的贸易形式主要是朝贡，其间有过中断，之后贸易由大内氏垄断。当时明朝从日本获得铜胚，然后日本从中国（明朝）购买永乐通宝等铜钱，当然也有俵物的买卖。

现今在香港周边销售的最高级别的鲍鱼仍然是日本产的鲍鱼，最高级别的鱼翅、海参也来自日本。

不单是干货，日本在海产品的处理方式方面大概拥有全世界最先进的技术。

前几天，京都岚山著名的料理店“吉兆”的总厨德冈邦夫先生为了参加慢食节，远赴西班牙和意大利，回来后告诉我：“榊原先生，在欧洲千万不要吃生鱼片。”

当问到为什么的时候，他说：“他们不具备‘活缔’技术，鱼已经不新鲜了。”世界上也就日本和韩国掌握了“活缔”技术，所以可以在日本吃到新鲜的鱼。而在意大利和西班牙，鱼捕获之后并未及时进行“活缔”处理，按日本人的标准，运到市场上的鱼已经有瑕疵了。

我所不知道的是，如果内脏和血液一直待在鱼的身体内，鱼会迅速腐烂，是否进行“活缔”处理，鱼的新鲜程度完全不同。

现在已经有冷冻技术，远洋捕获的鱼都是直接冷冻，然而，近海捕获的鱼就相当危险了。所以说，鱼在存活的时候必须进行“活缔”处理，而渔夫必须具备这个技术，不然鱼就不新鲜了。

我去过南美著名的渔业国家智利，在他们的鱼市场发现，当地人并不食用生鱼。

西欧国家在很长一段时间里几乎吃不到新鲜的肉和鱼，他们会使用香辛料处理，即使是法国料理，也会添加浓郁的汤汁，这些做法可以让不怎么新鲜的食材吃起来更美味，这与日本料理的理念相悖。

日本料理文化对食材十分讲究。起初，法式大厨与法国料理的特点一样，对食材并没有现如今这般讲究，对食材极度讲究的是日本料理，特别是日本传统的料理店，对食材的追求则更上一层楼。

对法国料理而言，沙司就是命；对中国料理而言，由于味道浓郁，在某种程度上可以让不好的食材蒙混过关。当然两个国家也有使用鲍鱼、鱼翅等昂贵食材的料理，即使是便宜的食材，他们依然可以制作出美味的食物。但是对日本料理而言，如果食材本身的品质不好，无论如何都无法做出美味的食物。

2005 年 11 月，我作为“东京农夫集市”活动的负责人，将优秀农业生产者聚集在银座和丸内，让他们直接在送货车上贩卖农产品。这些进行展示的生产者由各国料理的料理长或大厨推荐，法国料理的大厨推荐了许多优秀的生产者，而日本料理人推荐的生产者中，许多回绝了我们的邀请，他们表示“我们生产量少，即使打开了销路也生产不了那么多”，意思是也就没有宣传的必要了。吉兆的德冈先生推荐的农家说“我们没有时间参加农夫集市”，最终，真的没有出现在市场上。从这件事情也可以看出，日本料理追求的食材水准相当高。

虽然法国料理也会使用高级的、品质好的食材，但是远没有日本讲究。日本料理对优质食材与普通食材的态度有天壤之别。

即使十分美味的日本料理，如果价格不明朗也没人食用。在价格实惠的食物中，干货、纳豆等最是美味，尽管便宜，味道却是相当醇厚。

法国料理自古拥有可以把鱼、肉制作成美食的烹饪技术，日本料理则是拥有可以想尽一切办法把新鲜食材本身的味道呈现出来的烹饪技术。虽然这种说法带有一定程度的偏见，但还是可以说明这两种饮食的理念完全不同。

日本饮食也可作为外交手段

如果您去日本海外大使馆，可以发现很多外交大使从日本国内带过去的大厨，因为日本料理已经成为一种外交手段了。比如“HOTEL DE MIKUNI”的三国清三先生，起初他是驻瑞士日本大使馆的料理长，之后在瑞士和法国的餐厅进修。

日本大使馆配备优秀的大厨，用日本料理接待宾客，巴黎、纽约等大都市暂且不说，即使侨居国外普通城镇的日本人也认为“大使馆的日本料理最美味”。

虽然对于此事也有批评的声音，但是日本外交官有意识地利用“食物”，并将其作为一种鲜明的外交手段的做法，我个人认为，这对日本来说是好事。

我曾经历过这样一件趣事，1996 年春天，APEC 财政部部长会议在京都举行，那时我是国际金融局局长，我提议将会议举办地改“在吉兆举行”。

在这之前，我与“吉兆”的德冈先生认识，当时岚山正值新绿，特别美丽，同时那儿的料理也非常棒，所以我推荐了“吉兆”，同时也担心突发状况。

其中最大的问题是警备。这次会议有各国财政部部长约 20 人参加，所有人去岚山的过程中都需要护送。起初，大家认为“车队如此之长，警备做不到，此外还有从岚山方向过来的狙击风险”，警备方也认为费时费力，不同意改变先例。但是我告诉他们“这种情况大概不会发生，从桂川方向进行狙击也根本不可能”，如此一说，对方也就妥协了。但是，车队的警备依然是困难点。对于现场的警备人员而言，好不容易把警备系统搭好了，现在提出的更改会议地简直平添不少麻烦。

车队肯定是不能用了，于是我提议“调用京都最豪华的大巴吧”。我们调来了两台类似沙龙巴士的车子，让部长们全部搭乘巴士前往岚山。

“吉兆”料理店很有名气，对如何接待外国客人也很熟悉，所以我们希望他们不要提供类似牛排的食物，也不用在意料理是否合所有人的胃口。当时正值三月份，是山椒和稚鲇的季节，所以菜单中主要的料理有稚鲇，以及放入山椒花的野鸡。菜单全部用英文书写，同时料理店主人还对料理进行了说明。

这次为会议准备的全都是纯粹的日本料理，当时施展才能的主厨是现在德冈总料理长的父亲，他得到了所有人的赞美。虽然说是纯粹，但是“吉兆”的料理在传统料理的基础上，进行了诸多革新，让大家吃到了真正的日本时令食物。意外的是，稚鲇与红酒的搭配，除了其中一位客人因为伊斯兰教的戒律没有食用之外，其他客人都开心地称赞“从来没有吃过如此美味的食物”，与此同时会议也得以顺利召开。

日本饮食流行下的阴霾

日本食物的流行在民间自然发生，流行的背后也引发了诸多问题。

寿司屋等日本料理店在世界各地的城市兴起，店里没有日本料理人的情况普遍存在。店里只要有韩国人或中国人，就自称提供的是日本食物，而他们可能并没有正式地取得日本厨师资格，也没有人掌握对生鱼片等鲜度要求很高的食材的处理方法。

前几天，日本服部荣养专门学校的服部幸应先生对此评价说："不行，那是有问题的。"

由于食材鲜度没有保证，不正宗的日本料理店里的生鱼片，不但不美味，还可能吃坏肚子，进而导致日本料理不但不能继续流行，反倒可能口碑变差。

"这真是太糟糕了，不好好传授日本料理是不行的"，让人很是担心。

料理的输出也是文化的输出，如何让自己国家的料理犹如自己国家文化一样受人尊敬，十分重要。

但是，现在许多日本人对这件事并不重视，因此在国家层面把日本料理作为文化输出的时候，如何保证料理的品质，是一个大课题。

问题是：一方面，日本饮食在海外流行；另一方面，日本国内，流传下来的饮食文化却在逐渐消退。

虽然2005年国会通过了《食育基本法》，但是现在的母亲们对"食物"知之甚少，所以通过她们把饮食文化传承给孩子就变得更加困难。

日本料理的特征之一是汤汁，鲣鱼汁和海带汁已经少有家庭可以自己制作。

传统饮食文化在消退，好不容易拥有了世界上最好的饮食文化，却受到快餐饮食大范围的侵蚀，侵蚀之深也是其他国家无法企及的。在日本，麦当劳、可口可乐的销量只增不减，便利店、家庭餐厅以及其他连锁店的数量也在不断增加。现在的日本，无论去到哪儿，看到的都是相同的广告牌和相同的景色。

随着美国化的推进，日本传统文化逐渐消退，其中最为糟糕的要数饮食文化的消退。

个人认为正是因为孩子们喝可口可乐、吃麦当劳，才导致了日本文化的消退。

饮食文化的变化与近期日本经济情况有诸多相似的地方。日本人拥有活用优质原材料的精细技术，这一技术在制造业领域充分发挥，让丰田汽车打败通用汽车和福特汽车，一跃成为世界第一的汽车生产商。丰田汽车的强大在哪儿？首先有世界第一的生产技术，生产出的汽车完全零故障，雷克萨斯更是一等的“安静”，坐乘舒适，而且丰田超越普锐斯，在燃料节省与环境保护的技术上拔得头筹。

丰田汽车的魅力无疑与日本饮食的魅力紧密地重叠在一起。

相反，索尼好不容易确立了电子产品第一的品牌地位，却由于过度倾向于软件领域，轻视硬件制造，在重要的硬件市场，由于商品开发能力不足和品质低下，陷入危机。

日本制造业为了实现复苏，个人认为可以先从研究日本饮食的流行开始。 在料理的世界里，日本料理要求的烹饪技术最为精细，这也是打造世界第一饮食文化的基础。

现在我是“东京农夫集市”的干事之一，正在辅助增进日本农业的活力。

日本为了出口大米，必须要做的是品牌化。“不使用日本品牌大米的寿司，也无美味可言”，如果这样宣传（这也是事实），那么世界范围内的美食家们都会食用日本的大米。

日本出口食材的历史相当久远，曹洞宗的创始人道元禅师在《典座教训》一书中有这样的记录：“到达中国后，未得到登陆允许前，船员只能在船内饮食起居，这时（中国）上年纪的典座（寺庙中从事饮食工作的僧人）会过来购买干蘑菇，干蘑菇被他们看作上等日货。”当时中国正值南宋时期，日本处于镰仓时代，食材已经开始从日本出口中国，并获得高度好评。

回到之前提起的“东京农夫集市”，原首相宫泽喜一任执行委员会会长时，为了让消费者与生产者直接接触，2005 年 11 月 1

日到6日，将东京国际农夫集市安排在三越银座店（东京都中央区）的商场内举行，商城位于东京都千代田区的丸之内附近。农夫集市展示销售由全国一流大厨推荐的135种食材，同时举办饮食文化研讨会、料理教室、特选食材展销会等活动，大受好评。

此次活动主题是“大厨与农场主之间的美味”，值得一提的是，吉兆的德冈先生、Petit Point的北冈先生等众多一流大厨都来参加了这个活动。

农场主仲野隆三先生是千叶县JA富里市的生产方，也是活动的执行委员之一，仲野先生作为农业合作社的改革派，一直从事农业，他从生产者的角度告诉了我们生产者存在的问题。

通过这样的活动，我希望自己能够尽一份心力，告诉全世界，日本的饮食文化正从快餐向慢食，从工业化的食物向作为文化组成部分的料理转变，而且转变的趋势愈加强烈。

总的来讲，为什么日本饮食可以风靡全世界呢？

日本饮食讲究食材，虽然分量小，但是正如“一汁十菜”所表达的意思，可以同时使用许多品种的食材，这是规模化生产所无法实现的，与效率背道而驰。

这也反映出世界潮流的一大趋势。

从效率到安全健康，从规模化生产到多品种少量生产，巨大的转变正流行开来。

下一章将总结全书，对这个问题进行深入探讨。

第七章

亚洲经济的复兴

亚洲经济的复兴与“食物”有紧密联系，通过食物展望我们前行的道路。

2005 年 11 月，作者与北冈尚信大厨一起视察“东京农夫集市”。

近代化的弊病

西方近代文明统治世界经济近200年，典型的经济模式是：通过大量资本投入以及自动化，提升经济效率，从而低成本地规模化生产产品并支配市场。为了在经济效率的竞争中胜出，社会制度也必须变革得更为高效，而发生在经济领域的变革，我们称作“近代化”。近代化彻底大规模实施的国家是美国，亚洲国家中最早实现近代化的国家是日本。

近代化让我们可以大量消费便宜的制品，给我们的生活带来便利。同时依照资本理论追求经济效率的做法，引发了各种各样的问题，我们必须重视这些问题带来的恶劣影响，包括大气污染、海洋污染、森林破坏、资源枯竭、地球温室效应等诸多环境问题，还有大型连锁商店的渗透破坏商业街等传统社区、低工资就业拉大贫富差距等问题。近代化给西方近代文明带来了人性的崩塌，社会对这个问题的批判也日益强烈。

“近代化的弊病”也波及食物的世界。以快餐为代表的“食品工业化”，侵蚀人们的健康，导致肥胖症、糖尿病等疾病的蔓延，甚至让草食动物同类相食，最终引发恐怖的疯牛病。

正如前文所述，从整个“食物”的世界观察，近代西方文明的界限与问题点已经浮现出来，同时还可窥见当下文明正从西方向东方回归的现象。也就是说，哪怕是饮食的世界，也正在发生“复兴”。

这一次的复兴并不是简单的因为现在的亚洲物产丰富而欧洲没落。

对于欧美国家与亚洲国家两方而言，把效率、生产能力、单一化看作金科玉律，是工业革命之后英美国家的潮流，尽管存在非效率，但是注重长远的丰富性与多样性的是亚洲的潮流，两股潮流相互较量，时而相互碰撞，甚或引发激烈的冲突。

两股流行趋势的较量

从经济的生产能力来看，正如我在《世界经济势力图》（文春文库）一书中所言，今后50年内，成长最快的国家是印度，并预测中国的GDP将超过美国和日本成为世界第一。

以邓小平的改革开放路线为契机，中国经济成长起来。起初，中国用廉价的劳动力吸引华侨、欧美、日本的企业。对外国企业而言，比起自己公司制造，在中国制造更加便宜，为了在成本竞争中胜出，企业必须追求经济效率。中国人很快便熟练掌握了生产技术，不但可以制作劳动密集型产品，还有能力制作资本密集型的高品质产品。海尔、联想等大企业累积财富，成长壮大，甚至给日本企业造成了威胁，在中国当地指导的日本技术者，无不为中国人高涨的劳动热情和崇高的劳动品德而震惊。

另一方面，印度利用部分国民较高的智商，在 IT 产业等领域取得了惊人的发展。

曾经，这些亚洲国家被欧洲列强殖民地、半殖民地化，并未像日本一样快速推行“近代化”。现在，它们借着全球化新趋势，发起了全新的“工业革命”。中国作为世界制造工厂腾飞起来，印度作为发达国家 IT 产业的外包地也逐渐兴起。通过新型的“工业革命”，亚洲正在形成庞大的“中产阶级”群体，这也是我在《世界经济势力图》中所提出的构想。

快餐文化的冲击

GDP 的提升与中产阶级的兴起一起创造了一个巨大的市场，由此快餐产业以新中产阶级为目标客户，布局全球，并进入亚洲各国。

为了在销售额增加的同时提高利润，快餐产业增设连锁店，增加销售量，通过规模化生产降低成本，并诱导人们大量消费工业化生产的食物。为了在味觉上满足人们的嗜好，快餐产业狠下功夫，用香料、脂肪的香味唤起食欲，让人们吃着上瘾。

吃快餐的习惯相当恐怖，一个人无论男女，如果从孩提时开始食用快餐，即使长大成人，仅闻到香味，也容易被引诱，这是因为快餐中添加了许多香料。而可乐，虽然原液的成分不清楚，却是一种比咖啡还容易让人上瘾的饮料。正因为以上原因，汉堡和碳酸饮料销售公司迅速发展起来，并从中获得高额利润。

最近，快餐、碳酸饮料被指出可能导致诸多健康问题。如果每天都吃汉堡一类的食物，营养的均衡将会遭到破坏，很容易引发肥胖症、老年病等病症。老年病源于从食物中过多地摄入脂肪、砂糖、盐分、磷酸等的饮食习惯，常识告诉我们，这些成分可以勾起人们的食欲，在快餐中的含量很高。

当今美国最严重的疾病是肥胖症，英语写作“Obesity”。在街上散步很容易发现，肥胖的人数在不断增加，过度摄入快餐、含有砂糖的甜点以及饮料是肥胖产生的根本原因。

现在，食品工业化已经演变到引发疾病的程度了。

另一个问题是，食品中含有人工合成的化学物质和抗生素。

“食品”工业化过程中，哪怕是作为原材料的肉类和蔬菜，在生产过程中，必须大量使用药物。为了降低规模化生产的成本，小型肉鸡被塞入狭小的鸡舍中饲养，无法运动，对健康不利，很容易引发疾病，为了预防疾病就使用药物。种植蔬菜的时候，也会使用杀虫剂、除草剂等农药，从而节省人工、降低成本，使规模化生产得到保证。此外，制品成型的过程中，为了外观好看，添加发色剂、防腐剂、人工香料和调味料等。如果每天持续摄入大量的药品，人类的健康肯定会受影响。

所以现在的美国，社会精英十分注重健康，还因此形成了一股尽量不食用快餐的风潮。可是快餐便宜且方便，许多平民依然在食用。无论是整个社会，还是食物的世界，都在呈现阶层的两极分化。

值得注意的是，这不仅仅是美国国内的现状，类似规模化生产的快餐等食物，不单存在于美国国内，还通过全球化，在全球化企业的推动下，在新形成的中层阶级中推广普及。

现在无论你到亚洲哪个国家，既能吃上麦当劳，也可以喝上可口可乐。中国也有麦当劳的分店，可口可乐的销售额还在不断增加。对许多的亚洲人而言，这些都是近代化、市场化的标志，是一种时髦。对比从文化层面上厌恶快餐的法国等国家，这样的渗透程度已经到了他们无法想象的程度。

传播日本料理的价值观

全球化还促成了新精英阶层的形成，他们认为法国料理含动物油脂太多，食用后容易发胖，转而喜欢日本料理等亚洲的饮食。这个时代，“吃什么”已经变成知识分子与精英阶层重点关心的事情，这是回归亚洲现象的一个开端。

“亚洲食物有益健康”的观念已经逐渐在知识分子之间形成共识，这是为什么呢？

以中国为例，正如前文所述，从古代开始就有“医食同源”的文化。饮食与健康关系紧密已经成为常识，中国料理的诞生基于这个常识，所以饮食当中自然有对健康的考量。中国料理当中，茶必不可少，起初茶当作药物使用，现代科学进步后发现，茶可以阻碍多余脂肪的吸收，对因胆固醇而硬化的血管也有软化的功效。

虽然日本饮食中没有医食同源的表达，但是使用的是当季的鱼和当季的蔬菜，几乎不使用油，运用对食材的营养成分没有损害的烹饪方法。日本饮食的卡路里低，食物纤维丰富，以亲近自然著称，风靡全球。

东南亚地区的越南料理与泰国料理在欧美的评价也很高，原因之一在于使用了许多药草，对健康有积极的作用。

现在，传统的西式料理也在逐渐向亚洲料理的方向妥协靠近。

例如，传统法国料理的基础是小牛高汤和黄油，动物汤汁和油脂是必需品，而意大利料理和中国料理使用的则是植物油脂。植物油脂有益身体健康，现在哪怕是法国料理也逐渐不使用黄油和奶油了，向这个方向转变的大厨得到了很高的评价。

自尊心如此高的法国料理也进入了后现代，料理的本质发生转变，是什么促使这样的转变呢？ 正是对“健康”的考量。

过去，中国料理给人的印象是在国外的中国人经营的买卖，现在，中国料理作为一种饮食文化被重新对待，高级中国餐厅也日渐增多，中国料理和法国料理的理念相互融合，迎来了全新的发展趋势。

古代的亚洲是一个典范，带来了后现代的全新的饮食文化。“食物”的后现代指“亚洲的复兴”，因为21世纪的“食物”在亚洲，这个发展方向如今已经逐渐明朗。

进一步讲，日本人，不，亚洲人不更应该觉醒吗？

从“有利健康”开始先一步思考

20 世纪饮食文化是规模化生产、大量消费的“食物”的工业化，从 20 世纪后半叶开始，快餐文化将工业化社会中具有一定购买力的普通大众作为业务拓展的目标客户。进入 21 世纪，世界完全脱离工业化社会，进入信息化社会，现在是后现代的世界，社会的变化必然引导“食物”的变化。

研究社会的发展方向发现，现在的主流趋势是“回归自然”，关注健康与环境。

“食物”方面，人们开始摈弃快餐，提倡“地产地销”的慢食运动。同时，珍视时节，力求将食材本身的味道充分发挥出来的日本料理变得流行。

新潮流的根本在于注重人的健康与安全。

以可口可乐为例，作为碳酸饮料的典型代表，它席卷了战后高速成长的日本，现在情况如何呢？保守地讲，曾经的流行现在已经荡然无存。前几日，因电视台的工作需要，我与日本可口可乐公司的社长碰面，提到了现在可口可乐公司的四大主力产品，一个当然是可口可乐，其他的分别是“乔治咖啡”“爽健美茶”以及运动饮料“Aquarius”。

提起可口可乐公司，典型的碳酸饮料公司的印象深入人心，事实上，他们的主力产品有四个，碳酸饮料只是其中一个。曾经充入二氧化碳气体的“芬达”饮料大受欢迎，现在几乎没再销售，果汁含量100%的饮料虽然还在销售，但是掺有人工甜味剂的商品几乎已经卖不动了。

可以说，包含日本在内，发达国家的碳酸饮料时代或者称作人工开发、工业化生产的饮料的时代已经结束，紧跟着的是西方国家的传统饮料咖啡以及中国、日本的传统饮料“茶”的时代。

这两种饮料的关键词都是“有益健康”。茶曾是一种药材，含有多酚、儿茶素等对人体有益的成分，同时，饮用时不会摄入糖分，普遍受到人们的青睐。

但是我们不能把事情做过头了，现在有些“健康食品”实际上已经变成“快餐”。当追求“有益健康”的时候，人们时常会因为贪婪而大量食用，从而推动高效率的规模化生产，扩大市场份额，这种做法反而促成了快餐产业的形成。如果我们安于这种现状，那也就不能再笑话美国人一边说着“有益健康”，一边大口喝着零度可乐了。

茶，是用来沏的。在日本，有的孩子并不认为茶是用来沏的，而是误认为应该装入塑料瓶中饮用。初夏采摘的茶叶，经萎凋、手工揉捻和干燥，然后注入热水，茶叶香味向上升起的瞬间，因温度的不同，可以享受不同的味道，味道犹如万花筒般变化莫测，这就是日本的茶文化。

我从2004年夏天开始，参加“下一代领导养成课程”的暑期学校。日本全国高中生聚集在一起，进行为期两周的合宿生活，通过聆听世界各行各业领袖的讲课以及体验式学习，尝试培养日本的栋梁之材。

2005年7月至8月，“下一代领导养成课程”在九州举行，我们从佐贺县的嬉野市当地农家，请来了栽种茶叶的青年作为讲师，讲授如何栽种茶叶，之后还教授孩子们沏出美味茶水的方法。孩子们了解到，仅仅因为沏茶时间的不同，味道和香味便很不一样，对此都十分吃惊。

我从这个学习中体会到，比起迅速挣100日元的“效率”，更希望从花时间沏茶的“非效率”中学到“丰富”。类似事情的累积，似乎可以与快餐式的全球化相较量，同时促成饮食文化的回归。

如果不能让孩子们明白这个道理，世界将重新看待日本料理，日本料理将变得不再与各种各样的慢食理念相关，对日本而言，最为重要的饮食文化价值观——保证日本料理对食材、时节和手艺的珍视——将空洞化。

霸道与王道

信奉一神教的欧美国家，对其他宗教并无宽容可言。 正如信奉旧教与新教的人们，尽管都是基督教徒，但相互对立，互不相容。

另一方面，亚洲民族注重多样性与“和的精神”，拥有尊敬对方文化的传统，这大概源于多神教的性格。

越南、泰国、缅甸等大多数亚洲国家都信奉佛教，日本人前往这些国家，在感观上是契合的。

为什么是多神教呢？ 这源于自然的丰富性。 绿色如茵，雨水充沛，动物种类丰富，这与从沙漠发展起来的一神教形成鲜明的对比。“食物”方面也如此，从工业化、产业化的“食物”，向着土地种植食物的方向回归，珍视食材，追求从自然获得食物、医食同源以及对环境无伤害的食物。

正如15、16世纪，西方国家的人们憧憬亚洲的香辛料和文化，现在，他们开始重新向往亚洲的“食物”和“文化”。

中国的革命家孙中山留学日本后曾留下这样的名言："究竟是做西方国家霸道的鹰犬，还是做东方王道的干城，就在你们日本国民去详审慎择。"孙中山把西方列强通过武力统治他国的方法视为"霸道"，东方国家的价值观则是以仁义为基础的"王道"，日本不应该步入"霸道"。

孙中山的忠告依然适用于现代世界。我们难道不应该抵抗以全球化、规模化生产为标志的20世纪工业社会的流行趋势，步入哪怕效率低，但是包容价值观的多样性，以社会可持续发展为目标的"亚洲复兴"的王道吗？

参考文献

アンドレ・グングー・フランク. リオリユントーアジア時代のグローバル・エコノミー[M].（山下範久訳）藤原書店，2000.

アンガス・マデイソン. 世界經濟の成長史 1820—1992 年[M].（金森久雄監訳）東洋經濟新報社,2000.

イマニュエル・ウオーステイン. 近代世界システム1600—1750[M].（川北稔訳）名古屋大学出版社会，1993.

石毛直道. 世界の食事文化[M]. ドメス出版，1973.

石毛直道. 食の文化地理—舌のフイールドワーク[M]. 朝日新聞社,1995.

石毛直道・鄭大聲. 食文化入門[M]. 講談社,1995.

石毛直道. 世界の食文化[M].（社）農山漁村文化協会. ⑮池上俊一“イタリア”2003.　⑨鈴木董“トルコ”2003.　⑤山田均“タイ”2003.　②周達生“中国”，2004.

エリック・シュローサー“フアスフードが世界を食いつくす[M].（楡井浩一訳）草思社,2001.

大場俊雄. あわび文化と日本人[M]. 成山堂書店,2000.

川勝平太. 文明の海洋史観[M]. 中央公論社,1997.

川勝平太. 日本文明と近代西洋—「鎖国」再考[M]. NHKブックス,1991.

角山栄. アジアルネサンス—勃興する新・都市型文明[M]. PHP研究所,1995.

角山栄. 茶の世界史[M]. 中公新書,1980.

白石隆. 海の帝国—アジアをどう考える[M]. 中公新書,2000.

白石隆. 帝国どその限界[M]. NTT 出版,2004.

塩野七生. ローマ人の物語[M]. 1 ~ 15 新潮社,1992—2006.

ジヤンニフランワ・ルヴエル. 美食の文化史[M].（福永淑子,鈴木晶訳）築摩書房,1989.

ジヤレド・ダイアモンド. 銃・病原菌・鉄—一万三〇〇〇年にたる人類史の謎[M]. 上・下（會骨彰訳）草思社,2000.

周達生. 中国の食文化[M]. 創元社,1989.

譚璐美. 中華料理四千年[M]. 文春新書,2004.

張競. 中華料理の文化史[M]. ちくま新書,1997.

辻嘉一、高橋忠之. 神々の饗—太陽どと土と海の恵み[M]. 柴田書店,1985.

辻原康夫. 世界地図から食の歴史を読む方法[M]. 河出書房新社,2002.

21世紀研究会. 食の世界地図[M]. 文春新書,2004.

西川惠. エリゼ宮の食卓—その饗宴と美食外交[M]. 新潮社,1996.

速水融. 近世農村の歴史人口学的研究[M]. 東洋經濟新報社,1973.

平野久美子. 中国茶　風雅の裏側—スーパーブランドのからくり[M]. 文春新書,2003.

ブリア・サヴアラン. 美味礼讃[M]. 上・下(関根秀雄、戸部松実訳)岩波文庫,1967.

フエリペ・フエルナンデスニアルメスト. 食べる人类誌—火の発見かちろフアーストフードの蔓延まで[M].(小田切勝子訳)早川書房,2003.

福岡伸一. プリオン説はほんとうか? [M]. 講談社,2005.

向井由紀子・橋本慶子. 箸[M]. 法政大学出版局,2001.

モーガン・スパーロツ. 食べるな危險!! —フアストフードがあなたをスーパーサイズ化する[M].(伊藤真訳)角川書店,2005.

森枝卓士・南直人. 新・食文化入門[M]. 弘文堂,2004.

山内文男・大久保一良. 大豆の科学[M]. 朝倉書店,1992.

山本益博. フランス美食街道—レストランが恐くなくなつた日[M]. 文藝春秋,1988.

吉田よし子. 香辛料の民族学—カレーの木とワサビの木[M]. 中公新書,1988.

レイモン・オリヴエ. フランス食卓史[M].（角田鞠訳）人文書院,1980.

图书在版编目(CIP)数据

饮食小史:从餐桌看懂世界经济/(日)榊原英资著;潘杰译. -- 重庆:重庆大学出版社,2021.7

ISBN 978-7-5689-2789-5

Ⅰ.①饮… Ⅱ.①榊… ②潘… Ⅲ.①饮食文化—关系—经济史—研究—世界 Ⅳ.①TS971.2②F119

中国版本图书馆 CIP 数据核字(2021)第 116396 号

饮食小史:从餐桌看懂世界经济

YINSHI XIAOSHI:CONG CANZHUO KANDONG SHIJIE JINGJI

【日】榊原英资 著

潘 杰 译

责任编辑:赵艳君　　版式设计:赵艳君

责任校对:刘志刚　　责任印制:赵 晟

*

重庆大学出版社出版发行

出版人:饶帮华

社址:重庆市沙坪坝区大学城西路 21 号

邮编:401331

电话:(023)88617190　88617185(中小学)

传真:(023)88617186　88617166

网址:http://www.cqup.com.cn

邮箱:fxk@cqup.com.cn(营销中心)

全国新华书店经销

重庆市国丰印务有限责任公司印刷

*

开本:890mm×1240mm　1/32　印张:5.25　字数:91 千

2021 年 8 月第 1 版　2021 年 8 月第 1 次印刷

ISBN 978-7-5689-2789-5　定价:36.00 元

本书如有印刷、装订等质量问题,本社负责调换

版权所有,请勿擅自翻印和用本书

制作各类出版物及配套用书,违者必究

SHOKU GA WAKAREBA SEKAI KEIZAI GA WAKARU by SAKAKIBARA Eisuke

Copyright © 2006 SAKAKIBARA Eisuke

All rights reserved.

Original Japanese edition published by Bungeishunju Ltd. in 2006.

Chinese (in simplified character only) translation rights in PRC reserved by Chongqing University Press Corporation Limited, under the license granted by SAKAKIBARA Eisuke, arranged with Bungeishunju Ltd. , Japan through Bardon-Chinese Media Agency, Taiwan.

Simplified Chinese edition copyright: 2021 CHONGQING UNIVERSITY PRESS

All rights reserved.

版贸核渝字（2017）第225号

责任编辑：赵艳君
封面设计：WONDERLAND Book design
仙境 QQ:344581934

餐桌上的饮食变迁与国家经济有什么关系？

美国饮食文化乏善可陈，却因世界经济霸主地位让全世界人民迷上吃汉堡、喝可乐。

法国对美食文化的极致追求，让全世界接受喝葡萄酒、吃法国大餐是财富与权力的象征。

中国菜和日本料理等慢饮食在世界各地的流行，标志着世界经济中心向亚洲的回归。

更多服务

上架建议：饮食文化

ISBN 978-7-5689-2789-5

9 787568 927895 >

定价：36.00元